# BIM 在土木工程中的应用研究

李超　李映 ◎ 著

吉林出版集团股份有限公司

版权所有　侵权必究

图书在版编目（CIP）数据

BIM 在土木工程中的应用研究 / 李超，李映著．—
长春：吉林出版集团股份有限公司，2023.8
ISBN 978-7-5731-4208-5

Ⅰ．①B… Ⅱ．①李… ②李… Ⅲ．①土木工程－应用
软件－研究 Ⅳ．①TU-39

中国国家版本馆CIP数据核字（2023）第176246号

## BIM 在土木工程中的应用研究

BIM ZAI TUMU GONGCHENG ZHONG DE YINGYONG YANJIU

著　者　李　超　李　映

出版策划　崔文辉

责任编辑　王　媛

封面设计　文　一

出　　版　吉林出版集团股份有限公司

　　　　　（长春市福祉大路5788号，邮政编码：130118）

发　　行　吉林出版集团译文图书经营有限公司

　　　　　（http：//shop34896900.taobao.com）

电　　话　总编办：0431-81629909　营销部：0431-81629880/81629900

印　　刷　廊坊市广阳区九洲印刷厂

开　　本　710mm×1000mm　　1/16

字　　数　205千字

印　　张　13

版　　次　2023年8月第1版

印　　次　2023年8月第1次印刷

书　　号　ISBN 978-7-5731-4208-5

定　　价　78.00元

如发现印装质量问题，影响阅读，请与印刷厂联系调换。电话：0316-2803040

# 前　言

随着我国经济建设的高速发展，土木工程项目也在不断增加。BIM 项目是一个建筑信息模型。在项目的不同阶段，不同利益相关方通过在 BIM 中插入、提取、更新和修改信息，以支持和反映其各自职责的协同作业。如果用简单的解释，可以将建筑信息模型视为数码化的建筑三维几何模型。这个模型中，所有建筑构件所包含的信息，除了几何外，还具有建筑或工程的数据。这些数据提供给程式系统充分的计算依据，使这些程式能根据构件的数据，自动计算出查询者所需要的准确信息。

随着时代的发展，信息化的不断深入，信息化技术在各领域各行业中都得到了普及。在建筑工程领域中，信息化渗透进入了施工项目的每一个环节，也得到了淋漓尽致的体现，即 BIM。BIM 通过其承载的工程项目信息把其他技术信息化方法（如 CAD/CAE 等）集成起来，从而成为技术信息化的核心、技术信息化横向打通的桥梁，以及技术信息化和管理信息化打通的桥梁。从 1986 年开始推广普及 CAD 技术，2003 年开始推广普及 BLM/BIM 技术，现在，BIM 技术应用日趋成熟，且成了目前建筑行业的中坚力量，得到了广泛使用。它的应用为工程施工活动的开展带来了很多便利。例如，实现同一工程施工各专业对工程项目中心文件的信息数据的共享，进一步促进了各施工单位的协同合作，确保工程有序、顺利地进行。将 BIM 技术应用到项目管理中，可以优化项目造价、工程进度和建筑质量的管理模式，提高项目管理效率。

由于笔者水平有限，时间仓促，书中不足之处在所难免，恳请各位读者、专家不吝赐教。

# 目  录

# 第一章 土木工程概述与 BIM 软件

## 第一节 土木工程概述

土木工程既是一种工程分科，也是一种学科。

说它是工程分科，是指用石材、砖、砂浆、水泥、混凝土、钢材、钢筋混凝土、木材、建筑塑料、铝合金、钢化玻璃、沥青等建筑材料修建房屋、铁路、道路、隧道、运河、堤坝、港口、地铁等工程的生产活动和工程技术。工程人员在做各种工程时，需要勘测、设计、开发、施工、保养、维修等活动及其相应的工程技术。

它是一种学科，常称为土木工程学，是指利用数学、物理、化学等基础科学知识，力学、材料学等技术科学知识以及土木工程方面的工程技术知识来研究、设计、修建各种建筑物和各种构筑物的一门科学。建筑物（通称建筑）是指人们赖以生活、生产或去其他活动的房屋或场所，如工业建筑、民用建筑、农业建筑等；构筑物指一般指人们不直接在其内进行生产及生活活动的建筑物，如烟囱、水塔、堤坝、自动扶梯、高架游艺设备的水槽、惯性运转设施等。

可见，土木工程是一种与人们的衣食住行密切相连的工程。它的英文翻译为 Civil Engineering，直译为"民用工程"。在英语中，历史上土木工程、电气工程、机械工程、化工工程都属于 Civil Engineering，它们有一个共同的特性：民用性。后来，随着社会的进步，科技的发展，机械、化工，以及电气都已发展成独立的学科，Civil Engineering 便成为土木工程的专有名词。

无论哪种土木工程都将受到自然界及人为的作用，如雪、地震、温度变化等。那么，土木工程应当具备抵御各种作用的能力。

人类利用土地、材料及各种施工工具来建造各种土木工程。利用这些物质条件，人们建造出各种安全、实用、耐久的建筑物或是构筑物。土木工程虽是一门很古老的学科，但随着社会的进步、经济的建设、科技的发展，土木工程也在不断地发展，不断地深化。

# 一、古代土木工程

土木工程的古代时期是从新石器时代（大约公元前5000年起）开始至17世纪中叶。随着人类文明的进步和生产经验的积累，古代土木工程的发展大体上可分为萌芽时期、形成时期和发达时期。

## （一）萌芽时期

大致在新石器时代，原始人为避风雨、防兽害，利用天然的掩蔽物，如山洞和森林作为住处。当人们学会播种收获、驯养动物以后，天然的山洞和森林已不能满足需要，于是使用简单的木、石、骨制工具，伐木采石，以黏土、木材和石头等，模仿天然掩蔽物建造居住场所，开始人类最早的土木工程活动。

初期建造的住所因地理、气候等自然条件的差异，仅有"窟穴"和"橧巢"两种类型。在北方气候寒冷干燥地区多为穴居，在山坡上挖造横穴，在平地则挖造袋穴。后来穴的面积逐渐扩大，深度逐渐减小。在中国黄河流域的仰韶文化遗址（约公元前5000—前3000年）中，遗存有浅穴和地面建筑，建筑平面有圆形、方形和多室联排的矩形。西安半坡村遗址（约公元前4800—前3600年）有很多圆形房屋，直径为5~6m，室内竖有木柱，以支顶上部屋顶，四周密排一圈小木柱，既起承托屋檐的结构作用，又是维护结构的龙骨；还有的是方形房屋，其承重方式完全依靠骨架，柱子纵横排列，这是木骨架的雏形。当时的柱脚均埋在土中，木杆件之间用绑扎结合，墙壁抹草泥，屋顶铺盖茅草或抹泥。在西伯利亚发现用兽骨、北方鹿角架起的半地穴式住所。

新石器时代已有了基础工程的萌芽，柱洞里填有碎陶片或鹅卵石，即柱础石的雏形。洛阳王湾的仰韶文化遗址（约公元前4000—前3000年）中，有一座面积约200平方米的房屋，墙下挖有基槽，槽内填卵石，这是墙基的雏形。在尼罗河流域的埃及，新石器时代的住宅是用木材或卵石做成墙基，上面造木构架，以芦苇束编墙或土坯砌墙，用密排圆木或芦苇束做屋顶。

在地势低洼的河流湖泊附近，则从构木为巢发展为用树枝、树干搭成架空窝棚或地窝棚，以后又发展为栽桩架屋的干栏式建筑。中国浙江吴兴钱山漾遗址（约公元前 3000 年），是在密桩上架木梁，上铺悬空的地板。西欧一些地方也出现过相似的做法，今瑞士境内保存着湖居人在湖中木桩上构筑的房屋。浙江余姚河姆渡新石器时代遗址（约公元前 5000—前 3300 年）中，有跨距达 5~6m、联排 6~7 间的房屋，底层架空（属于干栏式建筑形式），构件之结点主要是绑扎结合，但个别建筑已使用榫卯结合。在没有金属工具的条件下，用石制工具凿出各种榫卯是很困难的，这种榫卯结合的方法代代相传，延续到后世，为以木结构为主流的中国古建筑开创了先例。

随着氏族群体日益繁衍，人们聚居在一起，共同劳动和生活。从中国西安半坡村遗址还可看到有条不紊的聚落布局，在浐河东岸的台地上遗存有密集排列的 40~50 座住房，在其中心部分有一座规模相当大的（平面约为 12.5m×14m）房屋，可能是会堂。各房屋之间筑有夯土道路，居住区周围挖有深、宽各约 5m 的防范袭击的大壕沟，上面架有独木桥。

这时期的土木工程还只是使用石斧、石刀、石铲、石凿等简单的工具，所用的材料都是取自当地的天然材料，如茅草、竹、芦苇、树枝、树皮和树叶、砾石、泥土等。掌握了伐木技术以后，就使用较大的树干做骨架；有了锻烧加工技术，就使用红烧土、白灰粉、土坯等，并逐渐懂得使用草筋泥、混合土等复合材料。人们开始使用简单的工具和天然材料建房、筑路、挖渠、造桥，土木工程完成了从无到有的萌芽阶段。

## （二）形成时期

随着生产力的发展，农业、手工业开始分工。大约自公元前 3000 年，在材料方面，开始出现经过烧制加工的瓦和砖；在构造方面，形成木构架、石梁柱、券拱等结构体系；在工程内容方面，有宫室、陵墓、庙堂，还有许多较大型的道路、桥梁、水利等工程；在工具方面，美索不达米亚（两河流域）和埃及在公元前 3000 年，中国在商代（公元前 16—前 11 世纪），开始使用青铜制的斧、凿、钻、锯、刀、铲等工具。后来铁制工具逐步推广，并有简单的施工机械，也有了经验总结及形象描述的土木工程著作。公元前 5 世纪成书的《考工记》中记述了木工、金工等工艺，以及城市、宫殿、房屋建筑规范，对后世的宫殿、城池及祭祀建筑的布局有很大影响，在一些国家或地区已形成早期的土木工程。

中国在公元前21世纪，传说中的夏代部落领袖禹用疏导方法治理洪水，挖掘沟洫，进行灌溉。公元前5—前4世纪，在今河北临漳，西门豹主持修筑引漳灌邺工程，是中国最早的多首制灌溉工程。公元前3世纪中叶，在今四川都江堰市，李冰父子主持修建都江堰，解决围堰、防洪、灌溉以及水陆交通问题，是世界上最早的综合性大型水利工程。

在大规模的水利工程、城市防护建设和交通工程中，创造了形式多样的桥梁。公元前12世纪初，中国在渭河上架设浮桥，是中国最早在大河上架设的桥梁。再如，在引漳灌邺工程中，在汾河上建成30个墩柱的密柱木梁桥；在都江堰工程中，为了提供行船的通道，架设了索桥。

中国利用黄土高原的黄土为材料创造的夯土技术，在中国土木工程技术发展史上占有很重要的地位（见中国古代土结构）。最早在甘肃大地湾新石器时期的大型建筑中就用了夯土墙。河南偃师二里头有早商的夯筑筏式浅基础宫殿群遗址，以及郑州发现的商朝中期版筑城墙遗址、安阳殷墟（约公元前1100年）的夯土台基，都说明当时的夯土技术已成熟。在以后相当长的时期里，中国的房屋等建筑都用夯土基础和夯土墙壁。

春秋战国时期，战争频繁，广泛用夯土筑城防敌。秦代在魏、燕、赵三国夯土长城基础上筑成万里长城，后经历代多次修筑，留存至今，成为举世闻名的长城。

中国的房屋建筑主要使用木构架结构。在商朝首都宫室遗址中，残存有一定间距和直线行列的石柱础，柱础上有铜锧，柱础旁有木柱的烬余，说明当时已有相当大的木构架建筑。《考工记·匠人》中有"殷人……四阿重屋"的记载，可知当时已有两层楼、四阿顶的建筑了。西周的青铜器上也铸有柱上置栌斗的木构架形象，说明当时在梁柱结合处已使用"斗"，做过渡层，柱间联系构件"额枋"也已形成。这时的木构架已开始有中国传统使用的柱、额、梁、枋、斗栱等。

中国在西周时代已出现陶制房屋版瓦、筒瓦、人字形断面的脊瓦和瓦钉，解决了屋面防水问题。春秋时期出现陶制下水管、陶制井圈和青铜制杆件结合构件。在美索不达米亚（两河流域），制土坯和砌券拱的技术历史悠久。公元前8世纪建成的亚述国王萨尔贡二世宫，是用土坯砌墙，用石板、砖、琉璃贴面。

埃及人在公元前3000年进行了大规模的水利工程以及神庙和金字塔的修建，积累和运用了几何学、测量学方面的知识，使用了起重运输工具，组织了大规模协作劳动。公元前27—前26世纪，埃及建造了世界最大的帝王陵墓建筑群——吉萨金字塔群。这些金字塔，在建筑上计算准确，施工精细，规模宏大。建造了大量的宫殿和神庙建筑群，如公元前16—前4世纪在底比斯等地建造的凯尔奈克神庙建筑群。

希腊早期的神庙建筑用木屋架和土坯建造，屋顶荷重不用木柱支撑，而是用墙壁和石柱承重。约在公元前7世纪，大部分神庙已改用石料建造。公元前5世纪建成的雅典卫城，在建筑、庙宇、柱式等方面都具有极高的水平。其中，如巴台农神庙全用白色大理石砌筑，庙宇宏大，石质梁柱结构精美，是典型的列柱围廊式建筑。

在城市建设方面，早在公元前两千年前后，印度建摩亨朱达罗城，城市布局有条理，方格道路网主次分明，阴沟排水系统完备。中国现存的春秋战国遗址证实了《考工记》中有关周朝都城"方九里、旁三门，国（都城）中九经九纬（纵横干道各九条），经涂九轨（南北方向的干道可九车并行），左祖右社（东设皇家祭祖先的太庙，西设祭国土的坛台），面朝后市（城中前为朝廷，后为市肆）"的记载。这时中国的城市已有相当的规模，如齐国的临淄城，宽3km、长4km，城壕上建有8m多跨度的简支木桥，桥两端为石块和夯土制作的桥台。

（三）发达时期

由于铁制工具的普遍使用，提高了工效；工程材料中逐渐增添复合材料；工程内容则根据社会的发展，道路、桥梁、水利、排水等工程日益增加，大规模营建了宫殿、寺庙，因而专业分工日益细致，技术日益精湛，从设计到施工已有一套成熟的经验：

1.运用标准化的配件方法加速了设计进度，多数构件都可以按"材"或"斗口""柱径"的模数进行加工。

2.用预制构件，现场安装，以缩短工期。

3.统一筹划，提高效益，如中国北宋的汴京宫殿，施工时先挖河引水，为施工运料和供水提供方便，竣工时用渣土填河。

4.改进当时的吊装方法，用木材制成"戥"和绞磨等起重工具，可以吊起300多吨重的巨材，如北京故宫三台的雕龙御路石以及罗马圣彼得大教堂前的方尖碑等。

建筑工程中国古代房屋建筑主要是采用木结构体系，欧洲古代房屋建筑则以石拱结构为主。

（1）木结构

中国古建筑在这一时期又出现了与木结构相适应的建筑风格，形成独特的中国木结构体系（见中国古代木结构）。根据气候和木材产地的不同，在汉代即分为抬梁、穿斗、井干三种不同的结构方式，其中以抬梁式最为普遍。在平面上形成柱网，柱网之间可按需要砌墙和安门窗。房屋的墙壁不承担屋顶和楼面的荷重，使墙壁有极大的灵活性。在宫殿、庙宇等高级建筑的柱上和檐枋间安装斗栱。

（2）砖石结构

约自公元1世纪，中国东汉时，砖石结构有所发展（见中国古代石结构、中国古代砖结构。在汉墓中已可见到从梁式空心砖逐渐发展为券拱和穹隆顶。根据荷载情况，有单拱券、双层拱券和多层券。每层券上卧铺一层条砖，移为"伏"。这种券伏相结合的方法在后来的发券工程中普遍采用。自公元4世纪北魏中期，砖石结构已用于地面上的砖塔、石塔建筑以及石桥等方面。公元6世纪建于河南登封市的嵩岳寺塔，是中国现存最早的密檐砖塔。

早在公元前4世纪，罗马采用券拱技术砌筑下水道、隧道、渡槽等土木工程，在建筑工程方面继承和发展了古希腊的传统柱式。公元前2世纪，用石灰和火山灰的混合物做胶凝材料（后称罗马水泥）制成的天然混凝土，广泛应用，有力地推动了古罗马的券拱结构的大发展。公元前1世纪，在券拱技术基础上又发展了十字拱和穹顶。公元2世纪时，在陵墓、城墙、水道、桥梁等工程上大量使用发券。券拱结构与天然混凝土并用，其跨越距离和覆盖空间比梁柱结构要大得多，如万神庙（120—124年）的圆形正殿屋顶，直径为43.43m，是古代最大的圆顶庙。卡拉卡拉浴室（211—217年）采用十字拱和拱券平衡体系。

古罗马的公共建筑类型多，结构设计、施工水平高，样式手法丰富，并初步建立了土木建筑科学理论，如维特鲁威著《建筑十书》（公元前1世纪）奠定了欧洲土木建筑科学的体系，系统地总结了古希腊、罗马的建筑实践经验。古罗马的技术成就对欧洲土木建筑的发展有深远影响。

中世纪西欧各国的建筑，意大利仍继承罗马的风格，以比萨大教堂建筑群（11—13世纪）为代表；其他各国则以法国为中心，发展了哥特式教堂建筑的新结构体系。哥特式建筑采用骨架券为拱顶的承重构件，飞券扶壁抵挡拱脚的侧推力，并使用二圆心尖券和尖拱。巴黎圣母院（1163—1271）的圣母教堂是早期哥特式教堂建筑的代表。

在城市建设方面，中国隋朝在汉长安城的东南，由宇文恺规划、兴建大兴城。唐朝复名为长安城，陆续改建，南北长9.72km、东西宽8.65km，按方整对称的原则，将宫城和皇城放在全城的主要位置上，按纵横相交的棋盘形街道布局，将其余部分划为108个里坊，分区明确、街道整齐。对城市的地形、水源、交通、防御、文化、商业和居住条件等，都做了周密的考虑。它的规划、设计为日本建设平安京（今京都）所借鉴。

在土木工程工艺技术方面也有进步。分工日益细致，工种已分化出木作（大木作、小木作）、瓦作、泥作、土作、雕作、旋作、彩画作和窑作（烧砖、瓦）等。到15世纪意大利的有些工程设计，已由过去的行会师傅和手工业匠人逐渐转向出身于工匠而知识化的建筑师、工程师来承担，出现了多种仪器，如抄平水准设备、度量外圆和内圆及方角等几何形状的器具"规"和"矩"。计算方法方面的进步，已能绘制平面、立面、剖面和细部大样等详图，并且用模型设计的表现方法。

大量的工程实践促进了人们认识的深化，编写出了许多优秀的土木工程著作，出现了众多的优秀工匠和技术人才，如中国宋喻皓的《木经》、李诫的《营造法式》，以及意大利文艺复兴时期阿尔贝蒂的《论建筑》等。欧洲于12世纪以后兴起的哥特式建筑结构，到中世纪后期已经有了初步的理论，其计算方法也有专门的记录。

## 二、近代土木工程

从17世纪中叶到20世纪中叶的300年间，是土木工程发展史中迅猛前进的阶段。

在材料方面，由木材、石料、砖瓦为主，到开始并日益广泛地使用铸铁、钢材、混凝土、钢筋混凝土，直至早期的预应力混凝土。

在理论方面，材料力学、理论力学、结构力学、土力学、工程结构设计理论等学科逐步形成，设计理论的发展保证了工程结构的安全和人力物力的节约。

在施工方面，由于不断出现新的工艺和新的机械，施工技术进步，建造规模扩大，建造速度加快了。

在这种情况下，土木工程逐渐发展到包括房屋、道路、桥梁、铁路、隧道、港口、市政、卫生等工程建筑和工程设施，不仅能够在地面，有些工程还能在地下或水域内修建。

土木工程在这一时期的发展可分为奠基时期、进步时期和成熟时期三个阶段。

## （一）奠基时期

17世纪到18世纪下半叶是近代科学的奠基时期，也是近代土木工程的奠基时期。伽利略、牛顿等所阐述的力学原理是近代土木工程发展的起点。意大利学者伽利略在1638年出版的著作《关于两门新科学的谈话和数学证明》中，论述了建筑材料的力学性质和梁的强度，首次用公式表达了梁的设计理论。这本书是材料力学领域的第一本著作，也是弹性体力学史的开端。1687年，牛顿总结的力学运动三大定律是自然科学发展史的一个里程碑，直到现在还是土木工程设计理论的基础。瑞士数学家L.欧拉在1744年出版的《曲线的变分法》中建立了柱的压屈公式，算出了柱的临界压曲荷载，这个公式在分析工程构筑物的弹性稳定方面得到了广泛的应用。法国工程师C-A. de库仑1773年写的著名论文《建筑静力学各种问题极大极小法则的应用》，说明了材料的强度理论、梁的弯曲理论、挡土墙上的土压力理论及拱的计算理论。这些近代科学奠基人突破了以现象描述、经验总结为主的古代科学的框框，创造出了比较严密的逻辑理论体系，加之对工程实践有指导意义的复形理论、振动理论、弹性稳定理论等在18世纪相继产生，这就促使土木工程向深度和广度发展。

尽管同土木工程有关的基础理论已经出现，但就建筑物的材料和工艺看，仍属于古代的范畴，如中国的雍和宫、法国的罗浮宫、印度的泰姬陵、俄国的冬宫等。土木工程实践的近代化，还有待于产业革命的推动。

由于理论的发展，土木工程作为一门学科逐步建立起来，法国在这方面是先驱。1716 年法国成立道桥部队，1720 年法国政府成立交通工程队，1747 年创立巴黎桥路学校，培养建造道路、河渠和桥梁的工程师。所有这些，表明土木工程学科已经形成。

（二）进步时期

18 世纪下半叶，瓦特对蒸汽机做了根本性的改进。蒸汽机的使用推进了产业革命。规模宏大的产业革命，为土木工程提供了多种性能优良的建筑材料及施工机具，也对土木工程提出了新的需求，从而促使土木工程以空前的速度向前迈进。

1. 土木工程的新材料、新设备接连问世，新型建筑物纷纷出现

1824 年英国人 J. 阿斯普丁取得了一种新型水硬性胶结材料——硅酸盐水泥的专利权，1850 年左右开始生产。

1856 年大规模炼钢方法——贝塞麦转炉炼钢法发明后，钢材越来越多地应用于土木工程。

1851 年英国伦敦建成水晶宫，采用铸铁梁柱，玻璃覆盖。

1867 年法国人 J. 莫尼埃用铁丝加固混凝土制成了花盆，并把这种方法推广到工程中，建造了一座贮水池，这是钢筋混凝土应用的开端。1875 年，他主持建造成第一座长 16m 的钢筋混凝土桥。

1886 年，美国芝加哥建成家庭保险公司大厦 9 层，初次按独立框架设计，并采用钢梁，被认为是现代高层建筑的开端。1889 年法国巴黎建成高 300m 的埃菲尔铁塔，使用熟铁近 8000t。

2. 土木工程的施工方法在这个时期开始了机械化和电气化的进程

蒸汽机逐步应用于抽水、打桩、挖土、轧石、压路、起重等作业。19 世纪 60 年代内燃机问世和 70 年代电机出现后，很快就创制出各种各样的起重运输、材料加工、现场施工用的专用机械和配套机械，使一些难度较大的工程得以加速完工。1825 年，英国首次使用盾构开凿泰晤士河河底隧道。1871 年，

瑞士用风钻修筑 8 英里长的隧道。1906 年，瑞士修筑通往意大利的 19.8km 长的辛普朗隧道，使用了大量黄色炸药以及凿岩机等先进设备。

3. 产业革命还从交通方面推动了土木工程的发展

（1）航运方面

有了蒸汽机为动力的轮船，使航运事业面目一新，这就要求修筑港口工程，开凿通航轮船的运河。19 世纪上半叶开始，英国、美国大规模开凿运河，1869 年苏伊士运河通航和 1914 年巴拿马运河的凿成，体现了海上交通已完全把世界联成一体。

（2）铁路方面

1825 年 G. 斯蒂芬森建成了从斯托克顿到达灵顿、长 21km 的第一条铁路，并用他自己设计的蒸汽机车行驶，取得成功。此后，世界上其他国家纷纷建造铁路。1869 年美国建成横贯北美大陆的铁路，20 世纪初俄国建成西伯利亚大铁路。20 世纪铁路已成为不少国家国民经济的大动脉。1863 年英国伦敦建成了世界第一条地下铁道，长 7.6km。世界上一些大城市也相继修建了地下铁道。

（3）公路方面

1819 年英国马克当筑路法明确了碎石路的施工工艺和路面锁结理论，提倡积极发展道路建设，促进了近代公路的发展。19 世纪中叶内燃机制成和 1885—1886 年德国 C.F. 本茨和 G.W. 戴姆勒制成用内燃机驱动的汽车。1908 年美国福特汽车公司用传送带大量生产汽车以后，大规模地进行公路建设工程。铁路和公路的空前发展也促进了桥梁工程的进步。早在 1779 年英国就用铸铁建成跨度 30.5m 的拱桥。1826 年英国 T. 特尔福德用锻铁建成了跨度 177m 的麦内悬索桥，1850 年 R. 斯蒂芬森用锻铁和角钢拼接成不列颠箱管桥，1890 年英国福斯湾建成两孔主跨达 521m 的悬臂式桁架梁桥。现代桥梁的三种基本形式（梁式桥、拱桥、悬索桥）在这个时期相继出现了。

（4）房屋建筑及市政工程方面

近代工业的发展，人民生活水平的提高，人类需求的不断增长，电力的应用，电梯等附属设施的出现，使高层建筑实用化成为可能。

电气照明、给水排水、供热通风、道路桥梁等市政设施与房屋建筑结合配套，开始了市政建设和居住条件的近代化。

在结构上要求安全和经济，在建筑上要求美观和适用。科学技术发展和分工的需要，促使土木和建筑在 19 世纪中叶，开始分成为各有侧重的两个单独学科分支。

4. 工程实践经验的积累促进了理论的发展

19 世纪，土木工程逐渐需要有定量化的设计方法。对房屋和桥梁设计，要求实现规范化。此外，由于材料力学、静力学、运动学、动力学逐步形成，各种静定和超静定桁架内力分析方法和图解法得到很快的发展。1825 年 C.L.M.H. 纳维建立了结构设计的容许应力分析法。19 世纪末，G.D.A. 里特尔等人提出钢筋混凝土理论，应用了极限平衡的概念。1900 年前后，钢筋混凝土弹性方法被普遍采用，各国还制定了各种类型的设计规范。1818 年，英国不列颠土木工程师会的成立，是工程师结社的创举，其他各国和国际性的学术团体也相继成立。理论上的突破，反过来极大地促进了工程实践的发展，这样就使近代土木工程这个工程学科日臻成熟。

（三）成熟时期

第一次世界大战以后，近代土木工程发展到成熟阶段。

1. 道路、桥梁、房屋大规模建设的出现

在交通运输方面，由于汽车在陆路交通中具有快速和机动灵活的特点，道路工程的地位日益重要。沥青和混凝土开始用于铺筑高级路面。1931—1942 年德国首先修筑了长达 3860km 的高速公路网（见联邦德国高速公路），美国和欧洲其他一些国家相继效法。20 世纪初出现了飞机，飞机场工程迅速发展起来。钢铁质量的提高和产量的上升，使建造大跨桥梁成为现实。1918 年，加拿大建成魁北克悬臂桥，跨度 548.6m；1937 年，美国旧金山建成金门悬索桥，跨度 1280m，全长 2825m，是公路桥的代表性工程；1932 年，澳大利亚建成悉尼港桥，为双铰钢拱结构，跨度 503m。

工业的发达，城市人口的集中，使工业厂房向大跨度发展，民用建筑向高层发展。日益增多的电影院、摄影场、体育馆、飞机库等都要求采用大跨度结构。1925—1933 年，法国、苏联和美国分别建成了跨度达 60m 的圆壳、扁壳和圆形悬索屋盖。中世纪的石砌拱终于被近代的壳体结构和悬索结构所取代。1931 年，美国纽约的帝国大厦落成，共 102 层，高 378m，有效面积 16 万平方米，结构用钢约 5 万余吨，内装电梯 67 部，还有各种复杂的管网系统，可谓集当时技术成就之大成，它保持世界房屋最高纪录达 40 年之久。

1906 年美国旧金山发生大地震，1923 年日本关东发生大地震，生命财产遭受严重损失。1940 年，美国塔科马悬索桥毁于风振。这些自然灾害推动了结构动力学和工程抗害技术的发展。另外，超静定结构计算方法不断得到完善，在弹性理论成熟的同时，塑性理论、极限平衡理论也得到发展。

2. 预应力钢筋混凝土的广泛应用

1886 年，美国人 P.H. 杰克逊首次应用预应力混凝土制作建筑构件，后又用于制作楼板。1930 年法国工程师 E. 弗雷西内把高强钢丝用于预应力混凝土，弗雷西内于 1939 年、比利时工程师 G. 马涅尔于 1940 年改进了张拉和锚固方法，于是预应力混凝土便广泛地进入工程领域，把土木工程技术推向现代化。

# 三、现代土木工程

现代土木工程以社会生产力的现代发展为动力，以现代科学技术为背景，以现代工程材料为基础，以现代工艺与机具为手段高速度地向前发展。

第二次世界大战结束后，社会生产力出现了新的飞跃。现代科学技术突飞猛进，土木工程进入一个新时代。在近 40 年中，前 20 年土木工程的特点是进一步大规模工业化，而后 20 年的特点则是现代科学技术对土木工程的进一步渗透。

中国在 1949 年以后，经历了国民经济恢复时期和规模空前的经济建设时期。例如，到 1965 年全国公路通车里程 80 余万公里，是新中国成立初期的 10 倍；铁路通车里程 5 万余公里，是 50 年代初的两倍多；火力发电容量超过 2000 万千瓦，居世界前五位。1979 年后中国致力于现代化建设，发展加快。列入第六个五年计划（1981—1985）的大中型建设项目达 890 个。1979—1982 年间全国完成了 3.1 亿米住宅建筑，城市给水普及率已达 80% 以上，北京等地高速度地进行城市现代化建设，京津塘（北京—天津—塘沽）高速公路和广深珠（广州—深圳、广州—珠海）高速公路开始兴建，有些铁路正在实现电气化，济南、天津等地跨度 200 多米的斜张桥相继建成，全国各地建成大量 10 余层到 50 余层的高层建筑。这些都说明中国土木工程已开始了现代化的进程。

1. 从世界范围来看，现代土木工程为了适应社会经济发展的需求，具有以下一些特征：

（1）工程功能化现代土木工程的特征之一

使工程设施同它的使用功能或生产工艺更紧密地结合。复杂的现代生产过程和日益上升的生活水平，对土木工程提出了各种专门的要求。

现代土木工程为了适应不同工业的发展，有的工程规模极为宏大，如大型水坝混凝土用量达数千万立方米，大型高炉的基础也达数千立方米；有的则要求十分精密，如电子工业和精密仪器工业要求能防微振。现代公用建筑和住宅建筑不再仅仅是传统意义上徒具四壁的房屋，而要求同采暖、通风、给水、排水、供电、供燃气等种种现代技术设备结成一体。

（2）对土木工程有特殊功能要求的各类特种工程结构也发展起来

例如，核工业的发展带来了新的工程类型。20世纪80年代初世界上已有23个国家拥有核电站277座，在建的还有613座，分布在40个国家。中国也已开始核电站建设。核电站的安全壳工程要求很高。又如，为研究微观世界，许多国家都建造了加速器。中国从20世纪50年代以来建成了60余座加速器工程，目前正在兴建3座大规模的加速器工程，这些工程的要求也非常严格。海洋工程发展很快，20世纪80年代初海底石油的产量已占世界石油总产量的23%，海上钻井已达3000多口，固定式钻井平台已有300多座。中国在渤海、南海等处已开采海底石油。海洋工程已成为土木工程的新分支。

（3）现代土木工程的功能化问题日益突出

为了满足极专门和更多样的功能需要，土木工程更多地需要与各种现代科学技术相互渗透。

城市立体化随着经济的发展，人口的增长，城市用地更加紧张，交通更加拥挤，这就迫使房屋建筑和道路交通向高空和地下发展。

（4）高层建筑成了现代化城市的象征

1974年芝加哥建成高达433m的西尔斯大厦，超过1931年建造的纽约帝国大厦的高度。现代高层建筑由于设计理论的进步和材料的改进，出现了新的结构体系，如剪力墙、筒中筒结构（见筒体结构）等。美国在1968—1974年间建造的三幢超过百层的高层建筑，自重比帝国大厦减轻20%，用钢量减少30%。高层建筑的设计和施工是对现代土木工程成就的一个总检阅。

城市道路和铁路很多已采用高架，同时又向地层深处发展。地下铁道在近几十年得到进一步发展，地铁早已电气化，并与建筑物地下室连接，形成地下商业街。北京地下铁道在1969年通车后，1984年又建成新的环形线。地下停车库、地下油库日益增多。城市道路下面密布着电缆、给水、排水、供热、供燃气的管道，构成城市的脉络。现代城市建设已经成为一个立体的、有机的系统，对土木工程各个分支以及它们之间的协作提出了更高的要求。

（5）交通高速化

现代世界是开放的世界，人、物和信息的交流都要求更高的速度。高速公路虽然1934年就在德国出现，但在世界各地较大规模的修建，是第二次世界大战后的事。1983年，世界高速公路已达11万公里，很大程度上取代了铁路的职能。高速公路的里程数，已成为衡量一个国家现代化程度的标志之一。

铁路也出现了电气化和高速化的趋势。日本的"新干线"铁路行车时速达210km以上，法国巴黎到里昂的高速铁路运行时速达260km。从工程角度来看，高速公路、铁路在坡度、曲线半径、路基质量和精度方面都有严格的限制。交通高速化直接促进着桥梁、隧道技术的发展。不仅穿山越江的隧道日益增多，而且出现长距离的海底隧道。日本从青森至函馆越过津轻海峡的青函海底隧道即将竣工，隧道长达53.85km。

航空事业在现代得到飞速发展，航空港遍布世界各地。航海业也有很大发展，世界上的国际贸易港口超过2000个，并出现了大型集装箱码头。中国的塘沽、上海、北仑、广州、湛江等港口也已逐步实现现代化，其中一些还建成了集装箱码头泊位。

2.在现代土木工程出现上述特征的情况下，构成土木工程的三个要素（材料、施工和理论）也出现了新的趋势。

（1）材料轻质高强化

现代土木工程的材料进一步轻质化和高强化，工程用钢的发展趋势是采用低合金钢。中国从20世纪60年代起普遍推广了锰硅系列和其他系列的低合金钢，大大节约了钢材用量并改善了结构性能。高强钢丝、钢绞线和粗钢筋的大量生产，使预应力混凝土结构在桥梁、房屋等工程中得以推广。

标号为500～600号的水泥已在工程中普遍应用，近年来轻集料混凝土和加气混凝土已用于高层建筑。例如，美国休斯敦的贝壳广场大楼，用普通混凝土只能建 35 层，改用了陶粒混凝土，自重大大减轻，用同样的造价建造了 52 层。而大跨、高层、结构复杂的工程又反过来要求混凝土进一步轻质、高强化。

高强钢材与高强混凝土的结合使预应力结构得到较大的发展。中国在桥梁工程、房屋工程中广泛采用预应力混凝土结构。重庆长江桥的预应力 T 构桥（见预应力混凝土桥），跨度达 174m；24 ~ 32m 的预应力混凝土梁在铁路桥梁工程中用了 6 万多孔；先张法和后张法的预应力混凝土屋架、吊车梁和空心板在工业建筑和民用建筑中广泛使用。

铝合金、镀膜玻璃、石膏板、建筑塑料、玻璃钢等工程材料发展迅速，新材料的出现与传统材料的改进是以现代科学技术的进步为背景的。

（2）施工过程工业化

大规模现代化建设使中国和苏联、东欧的建筑标准化达到了很高的程度。人们力求推行工业化生产方式，在工厂中成批地生产房屋、桥梁的种种构配件、组合体等。预制装配化的潮流在 20 世纪 50 年代后席卷了以建筑工程为代表的许多土木工程领域。这种标准化在中国社会主义建设中，起到了积极的作用。中国建设规模在绝对数字上是巨大的，30 年来城市工业与民用建筑面积达 23 亿多平方米，其中住宅 10 亿平方米，若不广泛推行标准化，是难以完成的。装配化不仅对房屋重要，也在中国桥梁建设中引出装配式轻型拱桥，从 20 世纪 60 年代开始采用与推广，对解决农村交通起到了一定作用。

在标准化向纵深发展的同时，种种现场机械化施工方法在 20 世纪 70 年代以后发展得特别快。采用了同步液压千斤顶的滑升模板广泛用于高耸结构。1975 年建成的加拿大多伦多电视塔高达 553m，施工时就用了滑模，在安装天线时还使用了直升飞机。现场机械化的另一个典型实例是用一群小提升机同步提升大面积平板的升板结构施工方法。近 10 年来中国用这种方法建造了约 300 万平方米房屋。此外，钢制大型模板、大型吊装设备与混凝土自动化搅拌楼、混凝土搅拌输送车、输送泵等相结合，形成了一套现场机械化施工工艺，使传统的现场灌筑混凝土方法获得了新生命，在高层、多层房屋和桥梁中部分地取代了装配化，成为一种发展很快的方法。

大跨度建筑的形式层出不穷，薄壳、悬索、网架和充气结构覆盖大片面积，满足种种大型社会公共活动的需要。1959 年巴黎建成多波双曲薄壳的跨度达

210m；1976年美国新奥尔良建成的网壳穹顶直径为207.3m；1975年美国密歇根庞蒂亚克体育馆充气塑料薄膜覆盖面积达35000多平方米，可容纳观众8万人。

（3）极限状态理论充分发展

20世纪50年代，美国、苏联开始将可靠性理论引入土木工程领域。土木工程的可靠性理论建立在作用效应和结构抗力的概率分析基础上。工程地质、土力学和岩体力学的发展为研究地基、基础和开拓地下、水下工程创造了条件。计算机不仅用以辅助设计，更作为优化手段，不但运用于结构分析，而且扩展到了建筑、规划领域。

理论研究的日益深入，使现代土木工程取得了许多质的进展，并使工程实践更离不开理论指导。现代土木工程与环境关系更加密切，在从使用功能上考虑使它造福人类的同时，还要注意它与环境的协调问题。现代生产和生活时刻排放大量废水、废气、废渣和噪声，污染着环境。环境工程，如废水处理工程等又为土木工程增添了新内容。核电站和海洋工程的快速发展，又产生新的引起人们极为关心的环境问题。

# 四、土木工程的现状

## （一）世界现状

随着19世纪中叶钢材及混凝土在土木工程中的开始使用，以及20世纪20年代后期预应力混凝土的制造成功，建造摩天大楼、大跨度建筑和跨海峡1000m以上的大桥成为可能。近代体育事业的蓬勃发展也使得大跨度房屋在世界各地如雨后春笋般涌现。

## （二）中国现状

回顾20世纪，特别是改革开放20年来，我国建设取得了举世瞩目的辉煌成就。无论在工程结构的改革、建筑功能使用、新技术和新材料的采用上及合理组织施工方面，还是在抗震分析和计算机程序应用上及有关抗震控制试验研究上，我国均达国际先进水平。

# 五、未来土木工程的发展

## （一）指导理论的继续发展

在可以预见的将来，土木工程技术理论的核心部分仍然是力学，新的分析方法和新的数值处理方法将是土木工程中力学的突破方向。

在对复杂结构、流体介质等情况下的受力分析和近似上，现有的方法仍然具有很大的局限性。更加专门化的数学在将来也应该有很大的发展，用以处理土木工程技术中复杂的数值问题。更先进的电子计算机的应用，使得对复杂的情况的模拟更有把握，更接近于现实。

力学也会突破宏观框架，向微观方向发展，控制论、虚拟现实等技术也在力学中加深影响。土木工程学科将向周围继续发散，与材料、环境、化学、电子信息、机械、城市规划、建筑等相关学科进一步的交叉、融合、互相支持、互相服务。土木工程内部的次级学科也同时会在现实需要的推动下产生出新的学科。

## （二）工程实现的变化

土木建筑的最终目的是建设出合乎设计要求的工程构造物，从设计到成果中间需要一个很长的工程实现的过程。这也是土木工程的一个重要组成部分。甚至可以说是土木工程最重要的方面，有了好的理论和设计，没有好的工程实践，一样不会产生一个优秀的作品。

信息时代正在迎面走来，其他学科和其他方面的新观点新技术，也必然会影响到土木工程，并且为这一传统学科注入新的活力，包括控制理论、施工技术、新材料、环境工程、经济理论等。

### 1. 全过程信息化

信息化的特点将更深地渗透到未来的土木工程中，重点不仅仅限于CAD方面，也包含对工程进度的管理、运行中数据资料的收集、分析、整理；对建筑物结构、强度、可靠性的分析和相应对策的决策等。这些也是主动控制和智能化实现的基础。

### 2. 可持续发展和人性化

这两个要求是与社会经济的发展相适应的，社会的发展要求更加充分合理地利用资源，社会生活水平的提高也提高了对土木建筑设施人性化的要求。整个土木工程过程是建立在对资源和能源的不断消耗上的，在可持续发展成为整个社会主题的时候，土木工程也必然要面对这个问题。对资源和能源的节约，包括在建设中的和使用过程中的，成为土木工程以后的一个方向，这要求有良好的设计和有效的运作管理机制，土木工程构筑物在它的整个寿命周期，从规划、设计、建造到建成后的使用、维护、拆除都要尽量地将对环境的影响降到最地；同时，尽可能大地发挥它的社会经济效应，这对土木工程提出新的要求。

### （三）主动控制技术

绝大部分的土木工程建筑都是被当作一个静态的、被动的物体。对周围环境的影响，如风动、温度变化、突发事件等只能依靠自身的结构进行被动的抵御，显得缺少灵活性和应变能力。

今后土木建筑设施的一个发展方向之一就是主动控制技术在建筑构造物中的应用。运用计算机技术和模糊控制技术，以及一些预设的控制结构，使得建筑物能够对各种环境因素做出适当的反应。

# 第二节　BIM 软件介绍

在 BIM 技术蓬勃发展的背景下，各大软件厂商加大对 BIM 软件的开发投入，纷纷推出具有明显优势的 BIM 软件，为不同的工程项目管理提供强大的技术支持，在项目全生命周期管理中起着不可或缺的作用。BIM 模型最好可以为贯穿建筑全生命周期的所有需求服务。创建 3D 模型可以有很多的等级和深度，从以可视化为目的为方案设计创建 3D 模型，到创建真实建筑的智慧信息模型。为了可视化而创建的模型仅仅包含了 3D 几何信息以及为了建筑表现逼真而必要的材质信息，真正的 BIM 模型在几何信息之外还包含了协同、文档管理、清单和建筑管理等必要信息。

BIM 软件按功能可以分为三大类：建模软件、分析软件、协同平台。

其中以欧特克公司（Autodesk）的 Revit 软件、Navisworks 软件最具代表性，市场占有率最高;其次还有图软公司的 ArchiCAD 软件,达索系统公司(Dassault Systems)的 CATIA 软件以及 Bentley 平台系列软件、Tekla 系列软件和国内鲁班公司、广联达公司开发的 BIM 软件。下面就常见的软件进行对比介绍。

## 一、Revit软件

Revit 软件是欧特克公司(Autodesk)专为建筑信息模型(BIM)开发的,它结合了建筑设计(Autodesk Revit Architecture)、机电管道(Autodesk Revit MEP)和结构设计(Autodesk Revit Structure)的功能,可帮助建筑设计师设计、建造和维护质量更好、能效更高的建筑,是我国 BIM 体系中使用最广泛的软件。

Autodesk Revit Architecture 模块可以按照建筑师和设计师的思考方式进行设计,提供更高质量、更加精确的建筑设计。通过使用专为支持建筑信息模型工作流而构建的工具,获取并分析概念,通过设计、文档和建筑保持视野。强大的建筑设计工具可帮助捕捉和分析概念,保持从设计到建筑的各个阶段的一致性。Autodesk Revit MEP 模块可以为暖通、电气和给排水工程师提供工具,帮助其设计最复杂的建筑系统,导出更高效的建筑系统。从概念到建筑的精确设计、分析和文档保存,使用信息丰富的模型在整个建筑生命周期中支持建筑系统,为暖通、电气和给排水工程师构建的工具可以帮助其设计和分析高效的建筑系统以及为这些系统编档。Autodesk Revit Structure 模块为结构工程师和设计师提供了工具,更加精确地设计和建造高效的建筑结构,通过模拟和分析深入了解项目,在施工前预测性能,使用智能模型中固有的坐标和一致信息,提高文档设计的精确度。

Revit 软件能够在项目设计流程前期探究最新颖的设计概念和外观,并能在整个施工文档中忠实传达设计理念,面向建筑信息模型构建,支持可持续设计、碰撞检测、施工规划和建造,同时帮助工程师、承包商与业主更好地沟通协作。设计过程中的所有变更都会在相关设计与文档中自动更新,实现更加协调一致的流程,获得更加可靠的设计文档。

Revit 软件具有结构设计和结构建模的强大工具,可以将复杂材质的物理模型和单独的可编辑模型进行集成,更重要的是为常用的结构分析软件提供双向连接的可编程接口。也就是说,其具有强大的 API 接口功能。它既能在建筑结构施工前进行模型的可视化，还可以在早期的设计阶段制定部分更加明确的决策，最大限度地减少建筑结构设计中的一些错误，也能加强整个建筑项目中各个团队之间的合作。

Revit 软件并不能直接进行结构计算，但它为建筑结构工程师的结构计算"前处理"和"后处理"工作带来了方便。在 BIM 技术的基础上，Revit 软件可以方便地实现"三维协同设计"，即在三维状态中，可与建筑、结构、水暖电等几个专业形成完整的 BIM 模型。Revit 模型中所有的图纸、平面视图、三维视图和明细表都建立在同一个建筑信息模型的数据库中，它可以收集到建立在建筑信息模型中的所有数据，并且能够在项目的其他表现形式中协调信息，以便实现模型的参数化。建筑施工图图纸文档的生成和修改维护简单方便，因为它的绘图方式是基于 BIM 技术的三维模型，模型和图纸之间有着紧密的关联性，所以一方修改，另一方会自动修改，节省了大量人力和时间。

建筑工程师和结构工程师利用 Revit 软件作为结构建模工具。建筑工程师向结构工程师提供三维模型，这样结构工程师就不用学习各种建模工具，而能把更多的时间用在结构设计上，Revit 软件在建模过程中还能展现出色的工程洞察力。例如，Revit 软件在把模型发送到分析工具之前，可以自动检测到分析工具中不支持的结构元素、模型的局部不稳定性以及结构框架的一些反常等。

软件支持多工种工作方式：首先，建筑结构设计师和绘图师都可以在此软件中创建模型；其次，建筑结构工程师可以在此模型中加入荷载、荷载组合、约束条件以及一些材料属性来具体完善模型；最后，设计师再对整个模型进行分析和更改，更深层次地完成模型的建立。Revit 提供了建筑结构模型中所需的大部分建筑图元，这类构件以结构构件的形式出现。此软件也允许用户自己通过自定义"族"（Family，就是类似于几何图形的一个编组）设计结构构件，可以使结构设计师基于创作要求灵活发挥。最为重要的是，Revit 软件具有协同功能，能够使不同专业的设计师、业主等项目参与方对工程项目实施管理。

## 二、Navisworks软件

Navisworks 软件是欧特克公司（Autodesk）出品的一个建筑工程管理

软件套装，能够帮助建筑、工程设计和施工团队加强对项目成果的控制。Navisworks 解决方案使所有项目相关方都能够整合和审阅详细的三维设计模型，帮助用户获得建筑信息模型工作流带来的竞争优势。

Navisworks 软件能够将 AutoCAD 和 Revit 等软件创建的设计数据，与来自其他设计工具的几何图形和信息相结合，并将其作为整体的三维项目，通过多种文件格式进行实时审阅，而不需要考虑文件的大小。该软件可以帮助所有相关方将项目作为一个整体来看待，从而优化从设计决策、建筑实施、性能预测以及规划直至设施管理和运营等各个环节。

Autodesk Navisworks 软件包括三个模块，能够帮助项目管理人员加强对项目的控制，使用现有的三维设计数据透彻了解并预测项目的性能，即使在最复杂的项目中也可提高工作效率，保证工程质量。

Navisworks Manage 模块是设计和施工管理专业人员使用的一款全面审阅解决方案，用于保证项目顺利进行，将精确的错误查找和冲突管理功能与动态的四维项目进度仿真和照片级可视化功能完美结合，为施工项目提供最全面的审阅解决方案；不仅可以提高施工文档的一致性、协调性、准确性，简化贯穿企业与团队的整个工作流程，帮助减少浪费、提高效率，同时显著减少设计变更；还可以实现实时的可视化，支持漫游并探索复杂的三维模型以及其中包含的所有项目信息，而不需要预编程的动画或先进的硬件。通过对三维项目模型中的潜在冲突进行有效辨别、检查与报告，Navisworks Manage 模块能够减少错误频出的手动检查，支持用户检查时间与空间是否协调，改进场地与工作流程规划。通过对三维设计的高效分析与协调，能够进行更好的控制，及早预测和发现错误，避免因误算造成的昂贵代价。该软件可以将多种格式的三维数据（无论文件的大小）合并为一个完整、真实的建筑信息模型，以便查看与分析所有数据信息。精确的错误查找功能与基于硬冲突、软冲突、净空冲突与时间冲突的管理相结合，快速审阅和反复检查由多种三维设计软件创建的几何图元，对项目中发现的所有冲突进行完整记录，检查时间与空间是否协调，在规划阶段消除工作流程中的问题。基于点与线的冲突分析功能则便于工程师将激光扫描的竣工环境与实际模型相协调。

Navisworks Simulate 模块显著增强了实时可视化功能，可以更加轻松地创建图像与动画，能够精确地再现设计意图，制定准确的四维施工进度表，超前实现施工项目的可视化。在实际动工前，就可以在真实的环境中体验所设计的项目，更加全面地评估和验证所用材质和纹理是否符合设计意图。将三维模型与项目进度表动态链接，能够帮助设计人员与建筑专业人士共享与整合设计成果，创建清晰、确切的内容，以便说明设计意图，验证决策并检查进度。在工作流程中，随时都可以利用设计及建筑方案的照片级效果图与四维施工进度来表现整个项目。支持快速从现有三维模型中读取或向其中输入材质、材料与灯光数据。

Navisworks Simulate 模块支持项目相关人员通过逼真的交互式渲染图和漫游动画来查看其未来的工作成果。四维仿真与对象动画可以模拟设计意图，表达设计理念，帮助项目相关人员对所有设计方案进行深入研究。此外，支持用户在创建流程中的任何阶段共享设计，顺畅地进行审阅，从而减少错误、提高质量、节约时间与费用。四维仿真有助于改进规划，尽早发现风险，减少潜在的浪费。通过将三维模型数据与项目进度表相关联，实现四维可视化效果，可以清晰地表现设计意图、施工计划与项目当前的进展状况。支持对项目外观与构造进行更加全面的仿真，以便在流程中随时超前体验整个项目，制定更加准确的规划，有效地减少臆断。

Navisworks 软件支持利用现有的设计数据，在真正完工前对三维项目进行实时的可视化、漫游和体验。可访问的建筑信息模型支持项目相关人员提高工作和协作效率，并在设计与建造完毕后提供有价值的信息。软件中的动态导航漫游功能和直观的项目审阅工具包能够帮助人们加深对项目的理解，即使是最复杂的三维模型也不例外。Navisworks Simulate 模块可以兼容大多数主流的三维设计和激光扫描格式，因此能够快速将三维文件整合到一个共享的虚拟模型中，以便项目相关方审阅几何图元、对象信息及关联 ODBC 数据库。冲突检测、重力和第三方视角进一步提高了体验的真实性，能够快速创建动画和视点，并以影片或静态图片格式输出。此外，软件中还包含横截面、标记、测量与文本覆盖功能。

Navisworks Freedom 模块是一款浏览器，可以自由查看 Navisworks 以 NWD 格式保存的所有仿真内容和工程图，为设计专业人士提供高效的沟通方式，支持他们便捷、安全、顺畅地审阅 NWD 格式的项目文件。这可以简化大型的 CAD 模型、NWD 文件，不需要进行模型准备、第三方服务器托管、培训，也不会有额外的成本。通过更加轻松的交流设计意图，协同审阅项目相关方的设计方案，共享所有分析结果，便可以在整个项目中实现有效协作。

## 三、ArchiCAD软件

图软公司（Graphisoft）的 ArchiCAD 于 2004 年进入中国，之后相继推出了 ArchiCAD9-18 中文版。越来越多的建筑师、教师、学生开始了解和使用 ArchiCAD 进行三维建筑设计。

ArchiCAD 是一款为建筑师和设计单位量身打造的 BIM 软件，所有创造性的工作和设计图纸都发生在 3D 中，因此可以在项目的真实 3D 环境中做出设计决策并看到最终结果。ArchiCAD 提供了创新的建筑软件工具，除了幕墙和天窗等工具以外，设计人员还会惊喜于一些如壳体、变形体和网面等高级工具。当设计师创建一个包含模型和图纸的项目时，ArchiCAD 将快速地自动更新，由于数据存储在一个 BIM 模型中，在建筑设计过程中的任何修改将自动匹配到每张平面图、剖面图和立面图。ArchiCAD 不仅使创建图纸文档更为迅速，还通过自动匹配不同的视图提供了严格的质量保证，自动更新和一键式出图使最为烦琐的任务变得快速和简单。设计人员可以在 BIM 模型上进行修改，所有相关图纸内容也将随之修改。同样，在图纸上所做的修改，如调整墙体位置、门窗大小等这种与 BIM 模型相关的修改也会反映到模型中，从而实现 BIM 模型和图纸的双向联动，保证图纸与模型的一致性以及最终图纸成果的质量。

ArchiCAD 产品专注于建筑、设计和创造力，结合前沿科技与创新意识，提供最适合建筑师的解决方案，让建筑师做他们最擅长的事情——设计伟大的建筑。ArchiCAD 提供在设计流程和协同工作中需要的所有工具，这些工具能够满足设计人员从草图设计到建筑全生命设计中所有的需求。工具栏的设计符合建筑师的工作流——设计图纸文档以及快速访问到某些特定功能，如创建墙端和角窗等。ArchiCAD 是第一个同时满足 Microsoft Windows 和 Apple Macintosh 操作系统的建筑设计软件；对 10S 和 Android 平台的创新确保了所有项目参与方间的无缝设计和协同工作。Graphisoft 公司的产品兼容在多种设备平台中，无论何时何地，利用身边的设备即可加入整个 BIM 工作流中。

ArchiCAD 本地化不仅仅是提供一个简单的软件翻译，如今其在全球有 17

种语言和 27 种本地化版本可用，能够满足当地的施工图和布图出图标准。本地化图库、计量单位和国家建筑标准等细节都是 ArchiCAD 满足本地建筑市场需求以及随时可用的必要条件。ArchiCAD 的插件是标准 ArchiCAD 软件中可以被扩展的功能性产品，应用程序接口（API）可以使第三方的开发者根据需要扩展相应的功能。

　　ArechiCAD 为建筑师提供其需要的工具，通过直观的工具创建出概念模型，并以之引导设计过程。概念阶段的工程量、体块和楼层面积估算在早期的设计阶段都可以获得。ArchiCAD 创新的工具使用户可以在 BIM 环境中自由创建项目模型——通过模型自动生成立面、剖面以及表格。壳体工具和变形体工具提供了在 BIM 环境中更为直接的自由建模能力，允许用户以直观的图形方式自定义几何形体。自由和参数化的设计现在唾手可得，ArchiCAD 第一个实现双向连接的插件，允许建筑师和设计者使用 Grasshopper 和 Rhino 配合 ArchiCAD 工作。Rhino Grasshopper、ArchiCAD Connection 增强了 ArchiCAD 对 Rhinoceros 文件格式的支持，使设计者可以使用 ArchiCAD 打开任意大小和复杂程度的 Rhinoceros 文件。通过对 Rhino 和 Grasshopper 现存链接的扩展，使建筑师可以在任意一个环境中进行设计和修改——Rhino、Grasshopper 或 ArchiCAD。

　　ArchiCAD 的用户界面就像是建筑师真实工作的反映——图形化的标识、选项和命令反映了建筑师在实际工作中所使用的工具。类似网页标签的项目浏览器，使不同模型视图之间的切换更加轻松，允许用户全方位地掌控设计。所有工具的设置对话框都反映了他们所提供的各种选项，门窗的设置对话框中提供了调整好的显示设置和洞口的结构细节设置，所有设置都用相关的图标来标识。

# 第二章　BIM 技术的政策支持

目前，BIM 应用的基础和现状不可被高估，同时 BIM 的发展速度也不应被低估。无论是施工企业，还是其他参与项目建造的各方，都非常重视 BIM 技术的发展，BIM 的前景是光明的，但是发展道路是曲折的。其中有软件之间融合的问题，有 BIM 标准不统一的问题，也有 BIM 人才欠缺的问题。更重要的是受限于目前的工程建设体制，大家对新技术应用的积极性参差不齐。但近年来，各国政府纷纷出台政策，鼓励引导各项目参与方在工程项目建设过程中使用 BIM 技术，支持 BIM 的发展。

## 第一节　BIM 技术在国外的发展

### 一、BIM 技术的发展

美国是较早启动建筑业信息化研究的国家，其 BIM 的研究与应用都走在世界前列。工程建设行业采用 BIM 的比例从 2007 年的 28% 增长到了 2012 年的 71%。其中，美国建筑业 74% 的承包商已经在实施 BIM，这一比例超过了建造师（70%）及机电工程师（67%）。直至 2016 年，无论是设计方还是施工方，美国建筑业使用 BIM 技术的比例已经高达 85% 以上。同时美国陆军工程兵团提出，美国将在 2020 年利用 BIM 技术实现建筑全生命周期任务的自动化。2003 年，美国总务管理局（GSA）推出了国家 3D-4D-BIM 计划，鼓励所有 GSA 的项目采用 3D-4D-BIM 技术，并给予不同程度的资金资助。2009 年 7 月，美国威斯康星州成为第一个要求州内新建大型公共建筑项目使用 BIM 的州政府，威斯康星州国家设施部门发布实施规则，要求从 2009 年 7 月开始，州内预算在 500 万美元以上的公共建筑项目都必须从设计开始就应用 BIM 技术。

英国政府强制要求使用 BIM。2011 年 5 月，英国内阁办公室发布"政府建设战略"文件，其中有关于 BIM 的整个章节，该章节明确指出，到 2016 年，政府要求全面协同的 3D-BIM，并将全部的文件以信息化方式管理。

新加坡政府部门确立了示范项目，强制要求提交建筑 BIM 模型（2013 年起）、结构与机电 BIM 模型（2014 年起），并且最终在 2015 年前实现所有建筑面积大于 5000 平方米的项目都必须提交 BIM 模型的目标。为了鼓励早期的 BIM 应用者，新加坡政府于 2010 年成立了一个 600 万新加坡元的 BIM 基金项目，任何企业都可以申请。在建立 BIM 能力与产量方面，新加坡政府鼓励新加坡的大学开设 BIM 课程、为毕业学生组织密集的 BIM 培训课程、为行业专业人士建立 BIM 专业学位。

韩国公共采购服务中心（Public Procurement Service，PPS）是韩国所有政府采购服务的执行部门。2010 年 4 月，PPS 发布了 BIM 路线图，内容包括：2010 年，在 1~2 个大型工程项目应用 BIM；2011 年，在 3~4 个大型工程项目应用 BIM；2012—2015 年，超过 5 亿韩元的大型工程项目都采用"4D+BIM"技术（"3D+ 成本管理"）；2016 年前，全部公共工程应用 BIM 技术。2010 年 12 月，PPS 发布了《设施管理 BIM 应用指南》，针对初步设计、施工图设计、施工等阶段中的 BIM 应用进行指导，并于 2012 年 4 月对其进行了更新。

澳大利亚 Building SMART 组织受澳大利亚工业、教育等部门委托，于 2012 年 6 月发布了一份《国家 BIM 行动方案》，制定了按优先级排序的"国家 BIM 蓝图"。第一，规定需要通过支持协同、基于模型采购的新采购合同形式；第二，规定了 BIM 应用指南；第三，将 BIM 技术列为教育内容之一；第四，规定产品数据和 BIM 库；第五，规范流程和数据交换；第六，执行法律法规审查；第七，推行示范工程，鼓励示范工程用于论证和检验上述六项计划的成果在全行业推广普及的准备就绪程度。

## 二、国外 BIM 研究现状

研究者研究了 BIM 应用的影响因素，通过问卷调查的方式分析了企业 BIM 应用影响因素、项目 BIM 应用影响因素、BIM 功能选择影响因素、BIM 软件供应商选择影响因素，研究指出 BIM 软件对需求的满意度、是否有成功应用案例、与其他软件协同性、投资回报率、使用规模、主要合作方对该软件的支持、软件易用性等是软件选择过程中主要考虑因素，而员工对软件的掌握程度、其他部门相关软件应用情况、相关软硬件费用及培训费用等是影响BIM软件应用效果的关键因素。

冯健、张建平等通过文献综述和案例分析了BIM软件和项目特征之间的联系，及如何根据项目特征选择合适的软件，并采用统计分析法分析了其匹配度。Eastman介绍了建筑全生命周期需要的产品模型，主要是从信息的角度介绍了建筑全生命周期管理的流程和方法。

顾宁、凯瑞·伦敦等指出BIM应用影响因素分为两类，即技术性的功能需求和非技术性的应用策略。BIM的推广应用不仅要解决软件功能开发等技术性问题，更需要为软件应用创造环境，应注重BIM应用方法类的研究，如BIM应用从哪个阶段开始应用、选用什么工具、应用流程等。

孔兹、温恩等提到BIM工具杂乱、难以与其他工具配合、不同软件间信息难以交付是BIM推广的障碍之一；伊斯门、杨林等认为，缺乏协同管理工具是影响BIM协同应用进步的重要因素。

还有研究者在一次报告中指出BIM软件最重要的特征有以下几点：全面支持建筑项目文档，能够与其他对象智能集成、关联，有丰富的对象库，支持多用户分工协作，有相关学习资料并具有较好的帮助机制。

国外相关学者已开始重视BIM软件选择问题，并对软件选择指导方法的重要性、软件选择指标等进行了研究，但还没有提供能用于项目全生命周期软件协同应用选择的方法。

# 第二节　BIM技术在国内的发展

近年来，BIM在中国建筑业形成了一股热潮，除了前期软件厂商的大声呼吁外，政府相关单位，各行业协会与专家，设计单位、施工企业、科研院校等也开始重视并推广BIM。

## 一、国家相关部门BIM政策

2011年5月，住建部发布了《2011—2015年建筑业信息化发展纲要》，明确指出在施工阶段开展BIM技术的研究与应用，推进BIM技术从设计阶段向施工阶段的应用延伸，降低信息传递过程中的衰减；研究基于 BIM 技术的 4D 项目管理信息系统在大型复杂工程施工过程中的应用，实现对建筑工程有效的可视化管理等。这拉开了 BIM 在中国应用的帷幕。

2012 年 1 月，住建部《关于印发 2012 年工程建设标准规范制定修订计划的通知》宣告了中国 BIM 标准制定工作的正式启动。其中四项 BIM 相关标准《建筑工程信息模型应用统一标准》《建筑工程信息模型存储标准》《建筑工业工程设计信息模型应用标准》《建筑工程设计信息模型应用统一标准》的编制采用了"千人千标准"的模式，联合国内研究单位、院校、企业、软件开发商共同承担 BIM 标准的研究。至此，工程建设行业的 BIM 热度日益高涨。

2013 年 8 月，住建部发布《关于征求〈关于推进 BIM 技术在建筑领域应用的指导意见（征求意见稿）〉意见的函》，征求意见稿中明确，2016 年以前政府投资的 2 万平方米以上大型公共建筑以及申报绿色建筑项目的设计、施工采用 BIM 技术；截至 2020 年，完善 BIM 技术应用标准、实施指南，形成 BIM 技术应用标准和政策体系。

2014 年，住建部信息中心发布《中国建筑施工行业信息化发展报告（2014）：BIM 应用与发展》，这是我国第一本公开出版发行的针对建筑施工行业 BIM 技术的应用和发展报告。全书分为基础篇、应用篇、实施篇、案例篇四个篇章，深入分析行业发展现状与趋势，全面调研 BIM 技术在行业中的应用状况；深度研究 BIM 技术在工程施工全过程中的具体应用，对成本控制、进度管理、施工模拟、深化设计、装配式住宅、协同工作等最受关注的 BIM 应用进行详细说明；系统梳理 BIM 技术相关软件分类与规划，科学总结 BIM 技术在企业和项目应用中的实施规划和流程；认真提炼 BIM 技术应用于施工项目的最佳实践。

2015 年，住建部信息中心发布《中国建筑施工行业信息化发展报告（2015）：BIM 深度应用与发展》，报告全面、客观、系统地分析了施工行业"BIM+"技术应用的现状，归纳总结了在项目全过程中如何以 BIM 技术应用为核心，实现 BIM 与云计算、智能设备、大数据和物联网等先进信息化技术的集成应用，以及如何通过 BIM 技术与项目管理、数字化生产加工、装配式施工结合应用，提高生产效率，带来管理效益，同时收集和整理了行业内 BIM 深度应用的最佳实践案例。

2015 年，住建部印发《关于推进建筑信息模型应用的指导意见》（以下简称《意见》）。《意见》中强调了 BIM 在建筑领域应用的重要意义，提出了推进建筑信息模型应用的指导思想与基本原则，同时明确提出推进 BIM 应用的发展目标，即到 2020 年年末，建筑行业甲级勘察、设计单位以及特级、一级房屋建筑工程施工企业应掌握并实现 BIM 与企业管理系统和其他信息技术的一体化集成应用。

2016 年，住建部发布的《2016—2020 年建筑业信息化发展纲要》中提出了积极推进"互联网＋"和建筑行业的转型升级。尤其在发展目标中重点突出了关于建筑信息化的具体落实计划："十三五"时期，全面提高建筑业信息化水平，着力增强 BIM 大数据、智能化、移动通信、云计算、物联网等信息技术集成应用能力，建筑业数字化、网络化、智能化取得突破性进展，初步建成一体化行业监管和服务平台，数据资源利用水平和信息服务能力明显提升，形成一批具有较强信息技术创新能力和信息化应用达到了国际先进水平的建筑企业及具有关键自主知识产权的建筑业信息技术企业。文件中提出了五大信息技术，其中 BIM 技术位列第一，全文中 BIM 一词的频率最高。同时在主要任务章节对于企业信息化要求的部分再次强调深入研究 BIM，可见住建部对于 BIM 技术推广的力度和决心。

2017 年，住建部为推进全国工程质量安全提升行动顺利实施，推动信息化标准建设，从第二季度开始，要求各省按季度报送工程质量安全提升行动进展情况，每季度填报并全国公示。颁布通知中，住建部把 BIM 技术单独立项填报，工程质量安全提升行动季度报表中明确列出工程技术进步情况一项：

（1）在设计、施工阶段集成应用 BIM 技术的工程 ＿＿＿ 个；

（2）应用 6 项以上"建筑业 10 项新技术"的工程 ＿＿＿ 个。

此政策的出台大大加速了 BIM 技术的发展。数据结果显示，2017 年上半年全国应用建筑信息模型（BIM）技术的工程项目共计 616 个，应用建筑业 10 项新技术中 6 项以上的项目共计 1598 个。其中上海、福建、广东 3 省（市）应用 BIM 技术的工程项目较多，北京、浙江、湖北 3 省（市）推广建筑业 10 项新技术的情况较好。各省市推进工程技术进步工作的进度参差不齐，部分地区推动工程技术进步工作进展较为缓慢，应用 BIM 技术的工程项目数量较少，其中天津、黑龙江、重庆 3 省（市）第二季度没有工程项目应用 BIM 技术。

在国家的高度重视和大力扶持下，BIM技术将引领建筑业的变革浪潮，并发挥出巨大的价值效益。

## 二、地方 BIM 政策

随着国家推行 BIM 技术力度的加大，我国很多地区也认识到了 BIM 技术带来的经济效益，所以近年来，越来越多的地方政府推出了地区的 BIM 政策。

自 2006 年起，中国香港已率先使用建筑信息模型。为了成功推行 BIM，香港房屋署自行订立 BIM 标准、用户指南，并组建资料库等设计指南和标准。这些资料有效地为模型建立、档案管理奠定了基础，也为用户之间的沟通创造了良好的环境。2009 年 11 月，香港房屋署发布了 BIM 应用标准。

2007 年，中国台湾大学与 Autodesk 签订了产学研合作协议，重点研究建筑信息模型（BIM）及动态工程模型设计。2009 年，台湾大学土木工程系成立了"工程信息仿真与管理研究中心"，并与淡江大学工程法律研究发展中心合作出版了《工程项目应用建筑信息模型之契约模板》。高雄应用科技大学土木系也于 2011 年成立了工程资讯整合与模拟（BIM）研究中心。

上海市人民政府办公厅 2014 年 10 月发布的《关于在本市推进建筑信息模型技术应用的指导意见》指出，2015 年起，选择一定规模的医院、学校、保障性住房、轨道交通、桥梁（隧道）等政府投资工程和部分社会投资项目进行 BIM 技术应用试点，形成一批在提升设计施工质量、协同管理、减少浪费、降低成本、缩短工期等方面成效明显的示范工程。2017 年起，本市投资额 1 亿元以上或单体建筑面积 2 万平方米以上的政府投资工程、大型公共建筑、市重大工程，申报绿色建筑、市级和国家级优秀勘察设计、施工等奖项的工程，实现设计、施工阶段 BIM 技术应用；世博园区、虹桥商务区、国际旅游度假区、临港地区、前滩地区、黄浦江两岸六大重点功能区域内的此类工程，全面应用 BIM 技术。

陕西省住房和城乡建设厅 2014 年 6 月发布的《关于推进建筑产业现代化工作的指导意见》指出，以 BIM 技术为牵引，推进建筑业信息化建设，促进信息化与产业化的深度融合。围绕预制构件和建筑产品的生产、运输、安装、验收、维修和维护等环节，建立工业化建筑全过程管理信息系统，实现建筑产品全过程的追踪管理，完善质量追溯机制，推行产品部质量终身负责制。

　　广东省住房和城乡建设厅 2014 年 9 月 3 日发布的《广东省住房和城乡建设厅关于开展建筑信息模型 BIM 技术推广应用工作的通知》指出，全省开展BIM 技术推广应用的目标是：到 2014 年年底，启动 10 项以上 BIM 技术推广项目建设；到 2015 年年底，基本建立广东省 BIM 技术推广应用的标准体系及技术共享平台；到 2016 年年底，政府投资的 2 万平方米以上的大型公共建筑，以及申报绿色建筑项目的设计、施工应当采用 BIM 技术，省优良样板工程、省新技术示范工程、省优秀勘察设计项目在设计、施工、运营管理等环节普遍应用 BIM 技术；到 2020 年年底，全省建筑面积 2 万平方米及以上的建筑工程项目普遍应用 BIM 技术。广东省住房和城乡建设厅于 2014 年 9 月 29 日发布《广东省住房城乡建设系统工程质量治理两年行动实施方案》，鼓励建设、勘察、设计、施工、监理单位五方责任主体联合成立 BIM 技术联盟，促进 BIM 技术在大型复杂工程的设计、施工和运行维护全过程中的推广应用。2 万平方米以上的大型公共建筑，以及申报绿色建筑和省优良样板工程、省新技术示范工程、省优秀勘察设计项目应当逐步推广应用 BIM 技术，促进建筑全寿命周期的管理水平。

　　2014 年 4 月深圳市人民政府办公厅发布的《关于印发〈深圳市建设工程质量提升行动方案〉的通知》指出，推进 BIM 技术应用，在工程设计领域鼓励推广 BIM 技术，市、区发展改革部门在政府工程设计中考虑 BIM 技术的概算。搭建 BIM 技术信息平台，制定 BIM 工程设计文件交付标准、收费标准和 BIM 工程设计项目招投标实施办法。逐年提高 BIM 技术在大中型工程项目中的覆盖率。

　　山东省人民政府办公厅 2014 年 7 月发布的《山东省人民政府办公厅关于进一步提升建筑质量的意见》指出，强化设计方案论证，推广建筑信息模型（BIM）技术，加强设计文件技术交底和现场服务。

　　北京市城乡规划标准化办公室 2014 年 2 月发布《民用建筑信息模型设计标准》，2014 年 9 月 1 日开始实施，提出了 BIM 的资源要求、模型深度要求、交付要求。

　　辽宁省住房和城乡建设厅 2014 年 4 月发布的《2014 年度辽宁省工程建设地方标准编制 / 修订计划》指出，完成《民用建筑信息（BIM）设计通用标准》的编制工作。辽宁省人民政府 2014 年 8 月发布《辽宁省人民政府关于印发〈推进文化创意和设计服务与相关产业融合发展行动计划〉的通知》，指出发挥工程设计龙头作用，促进建筑业水平整体提升。着力打造精品工程、品牌工程、创新工程，培育品牌企业和领军设计人才，提高工程策划和实施能力及水平。加强工程设计单位建筑信息模型（BIM）的推广和应用。

大学和科研院所在BIM的科研方面也做了很多探索，如清华大学通过研究、参考美国国家BIM标准（NBIMS），结合调研提出了中国建筑信息模型标准框架（Chinese Building Information Modeling Standard，CBIMS），上海交通大学的BIM研究中心侧重于BIM在协同方面的研究。随着企业各界对BIM的重视程度日益提高，对大学的BIM人才培养需求渐起，部分院校开始进行BIM方向工程硕士的培养。

# 第三节　BIM 标准的建立

## 一、BIM 标准的必要性

### 1.BIM 统一标准的必要性

BIM的概念是由美国佐治亚技术学院查克·伊斯曼教授于三十多年前提出的，它以三维数字技术为基础并集成建筑工程项目各种相关信息的工程基础数据模型，是对工程项目相关信息详尽的数字化表达。BIM作为一种新兴技术，美国建筑科学研究院对BIM的定义：BIM是对一个设施（工程项目）的物理和功能特性的数字表示形式；BIM也是一个共享的知识资源，这个资源里包含了设施从最初的概念到设施被拆除整个寿命周期的信息，而这些信息为设施的建造和运营过程中的决策提供了可靠的基础。简单地说，BIM是一个三维的虚拟设计工具，帮助建筑师和承包商设计和建造，把蓝图变为实实在在的建筑。BIM也被看作是建筑物竣工后协助设施运行管理的工具。BIM既是过程，也是模型，但归根结底是信息，是存储信息的载体，是创建管理和使用信息的过程。BIM的实现从根本上解决项目规划、设计、施工、运营各阶段及应用系统之间的信息断层问题，实现工程信息在全寿命期内的有效利用与管理，是谋求根本改变传统设计方式，消除"信息孤岛"的重要手段之一。

在建筑工程设计领域，如果将 CAD 技术的应用视为建筑工程设计的第一次变革，建筑信息模型的出现将引发整个 A/E/C（Architecture/Engineering/Construction）领域的第二次革命。所谓 BIM，即指基于最先进的三维数字设计和工程软件所构建的"可视化"的数字建筑模型，为设计师、建筑师、水电暖铺设工程师、开发商乃至最终用户等各环节提供"模拟和分析"的科学协作平台，帮助他们利用三维数字模型对项目进行设计、建造及运营管理，最终使整个工程项目在设计、施工和使用等各个阶段都能够有效地实现节约能源、节约成本、降低污染和提高效率。

虽然一些使用 BIM 的国家已制定了相关 BIM 标准，如 2004 年美国编制的基于 IFC（Industry Foundation Classes）的国家 BIM 标准——NBIMS（National Building Information Model Standard）、日本的建设领域信息化标准——CAILS/EC（Continuous Acquisition and Life cycle Support/Electronic Commerce）标准，但目前国内外对 BIM 认识仍然千差万别，缺乏一个统一的标准，使 BIM 各国及各个项目参与方无法进行信息交互，在很大程度上制约了 BIM 的推广。因此必须建立统一的标准体系（BIM 标准），使各方信息能够对接，充分发挥 BIM 的优势，推动建筑业进入新的阶段。而且大多数国家 BIM 应用也只是刚刚起步，还有许多流程和标准需要完善。所以为了实现设计平稳过渡到 BIM 的三维模型，充分实现 BIM 的优势，首先要建立通用的标准化 BIM 环境，因而将在减少可能出现的误差和 BIM 造型分析错误表现上发挥出重要的作用，进一步促进 BIM 的广泛使用。

### 2. 我国 BIM 标准的必要性

BIM 是引领工程建设行业未来发展的利器，我国也需要积极推广 BIM 的应用，确立中国 BIM 标准，帮助建筑师、开发商以及业主运用三维模型进行设计、建造和管理，不断推动工程建设行业的可持续发展。BIM 已然成为当前建设领域信息技术的研究和应用热点，BIM 也将成为工程建设行业未来的发展趋势。

我国的 BIM 标准的研究还处于起步阶段。因此，在与我国已有规范与标准保持一致的基础上，构建 BIM 的中国标准成为紧迫而重要的工作。同时，中国的 BIM 标准如何与国际的使用标准（如美国的 NBIMS）有效对接，政府与企业如何推动中国 BIM 标准的应用将成为今后工作的挑战。所以当前需要积极推动 BIM 标准的建立,为建筑行业可持续发展奠定基础。

目前,工程项目的规模日益扩大,结构形式愈加复杂,尤其是超大型工程项目层出不穷,使企业和项目都面临着巨大的投资风险、技术风险和管理风险。然而,当前的管理模式和信息化手段可能都无法适应和满足现代化建设的需要。BIM 技术的应用,从根本上解决了建筑生命周期各阶段和各专业系统间信息断层的问题。我国应顺应时代发展,提出中国 BIM 标准,以最大限度地减少 BIM 使用环境中的误差和错误。

## 二、BIM 标准研究现状

BIM 标准按照不同的分类标准可以划分为很多类型。通常,BIM 标准按照适用层级可分为国际标准、国家或地区标准、行业标准、企业标准和项目标准等,按照具体内容又可分为信息分类标准、信息互用(交换)标准、应用实施标准(指南)等。

### 1. 国际 BIM 标准

国际协同联盟(the International Alliance for Interoperability, IAI)早在 1995 年就提出了直接面向建筑对象的工业基础类数据模型标准,该标准的目的是促使建筑业中不同专业以及同一专业中的不同软件可以共享同一数据源,从而达到数据的共享及交互。IFC( Industry Foundation Classes )是 IAI 建立的标准名称。IFC 可以在建筑项目的整个生命周期中提升沟通效率和生产力,提高项目质量,缩短项目时间,降低项目成本,为全球建筑专业与设备专业中的流程提升与信息共享建立一个普遍意义的基准。如今已经有越来越多的建筑行业相关产品提供了 IFC 标准的数据交换接口,使多专业的设计、管理的一体化整合成为现实。IFC 数据模型覆盖了 AEC/FM 中大部分领域,并且随着新需求的提出还在不断地扩充。例如,基于新加坡施工图审批的要求,IFC 加入了有关施工图审批的相关内容。IFC 标准已经被 ISO 组织接纳为 ISO 标准,成为 AEC/FM( 建筑、工程、施工、设备管理 )领域中的数据统一标准。作为应用于 AEC/FM 各个领域的数据模型标准,IPC 模型不仅包括那些看得见、摸得着的建筑元素( 如梁、柱、板、吊顶、家具等 ),也包括那些抽象的概念( 如计划、空间、组织、造价等 )。

最新的 IFC 标准包含了以下九个建筑领域：建筑领域、结构分析领域、结构构件领域、电气领域、施工管理领域、物业管理领域、HVAC 领域、建筑控制领域、管道以及消防领域。

BIM 技术源自美国，美国政府制定了很多 BIM 技术的应用指南，对正确应用 BIM 起到了很好的作用。美国建筑科学研究院分别于 2007 年、2012 年、2015 年发布了基于 IFC 标准的美国国家 BIM 标准第一版（NBIMS-USV1-part1）、第二版（NBIMS-USV2）、第三版（NBIMS-USV3）。NBIMS-USVI-part1 主要阐述了全生命周期知识发展与信息交换的概念与内容，并确定了如何制定公开通用的 BIM 标准的方法。与 NBIMS-USV1-part1 相比，NBIMS-USV2 在阐述建筑信息分类体系及工业基础类（IFC）、可扩展标记语言（IFD）标准时更加详细。NBIMS-USV3 在 NBIMS-USV2 的基础上增加了 BIM 协同作业的格式标准（BCF）、LOD 规范，并将 BIM 与 CAD 相关作业规定融入原有的美国国家 CAD 标准 NCS-V5 中。在信息交换标准方面，美国国家 BIM 标准第三版朝 IDM、MVD 技术调整方向发展，由 COBie 标准延伸出更完整的建筑物全生命周期信息交换标准（LCie），并以 COBie 为范本。

美国的地方组织也制定了相关的 BIM 标准。例如，2006 年美国总承包商协会发布《承包商 BIM 使用指南》、2008 年美国建筑师学会颁布了 BIM 合同条款、2009 年美国洛杉矶大学制定了面向 DBB 工程模式的 BIM 实施标准。

2009 年，英国多家设计、施工企业共同成立了英国建筑业 BIM 标准委员会。为满足英国 AEC 行业对于在设计环境中实施统一、实用、可行的 BIM 标准的需求，该委员会于 2009 年、2011 年先后发布了《建筑工程施工工业（英国）建筑信息模型规程》（AEC（UK）BIM 标准）第一版和第二版，同时在 2010 年、2011 年分别基于 Revit 平台、Bentley 平台发布了 BIM 实施标准。

日本建筑学会于 2012 年发布了日本 BIM 指南，从设计师的角度出发，对设计事务所的 BIM 组织机构建设、BIM 数据的版权与质量控制、BIM 建模规则、专业应用切入点以及交付成果进行了详细指导，同时探讨了 BIM 技术在设计阶段概预算、性能模拟、景观设计、监理管理以及运维管理方面的一系列变革及对策。

新加坡建设局（BCA）于 2012 年、2013 年分别发布了《新加坡 BIM 指南》1.0 版和 2.0 版。《新加坡 BIM 指南》是一本参考性指南，概括了各项目成员在采用建筑信息模型（BIM）的项目中的不同阶段承担的角色和职责。它是制定《BIM执行计划》的参考指南，包含了BIM说明书和BIM模型及协作流程。

在韩国，包括韩国国土海洋部、韩国教育科学技术部、韩国公共采购服务中心等在内的多个政府机关致力于BIM应用标准的制定。其中，韩国公共采购服务中心下属的建设事业局制定了BIM实施指南和路线图，韩国国土海洋部分别在建筑领域和土木领域制定了BIM应用指南。《建筑领域BIM应用指南》于2010完成并发布，是建筑业业主、建筑师、设计师等采用BIM技术时必须注意的要素条件及方法等的详细说明。

芬兰议会于2007年发布了BIM标准。其内容包括总则、建模环境、建筑、构造、质量保证和模型合并、造价、可视化、水电暖分析及使用等，它们以项目各阶段主体之间的业务流程为蓝本构成，包括建筑全生命周期中产生的全部内容，并进行多专业衔接、衍生出有效的分工。

### 2.我国BIM标准的应用和基本体系

1998年，我国专业人员开始接触和研究IFC标准，2000年，IAI开始与我国政府有关部门、科研组织（建研院）接触，帮助我们全面了解了IAI的目标、组织规程、IFC标准应用等问题。IFC标准借鉴了国际产品数据标准STEP标准的技术，具有技术的先进性和开放性。国家"863"计划项目提出"数字社区信息表达与交换标准"，实际上就是基于IFC标准制定了一个计算机可识别的社区数据表达与交换的标准，提供社区信息的表达以及可使社区信息进行交换的必要机制和定义。该标准探索了IFC标准应用于实际工程的问题，以及根据我国建筑行业的实际情况进行必要扩充的问题，主要解决三个问题：一是深入研究IFC标准；二是基于这个标准开发了一个CAD系统；三是基于IFC的建筑工程4D施工管理系统。2009—2010年，清华大学与Autodesk公司联合开展了《中国BIM标准框架研究》，同时也参与了欧盟的合作项目，主要讨论在建筑领域如何统一标准，实际上就是研究IFC标准在整个建筑产业链当中的适用性，其形成了一个庞大的课题组。第一，完善标准建筑工程信息模型，统一应用标准；第二，制定基础标准，编制信息模型存储和编码标准；第三，编制执行标准，制定建筑工程设计标准和制造工业工程设计信息模型应用标准。

国内很多地方政府和企业也纷纷出台相关标准，上海申通地铁集团2014年9月发布了《城市轨道交通BIM应用系列标准》，包含轨道交通工程建筑信息模型建模指导意见、交付标准、应用技术标准、创建标准、设施设备分类与编码标准5个分册。深圳工务署2015年5月4日发布了全国首例政府公共工程的BIM标准——《政府公共工程BIM应用实施纲要、BIM实施管理标准》，包括BIM应用的形势与需求、政府工程项目实施BIM的必要性、BIM应用的指导思想、BIM应用需求分析、BIM应用目标、BIM应用实施内容、BIM应用保障措施和BIM技术应用的成效预测8章内容。广州地铁2014年通过上海建科工程咨询有限公司与之合作的企业级BIM咨询项目，打造了广州地铁的企业级BIM标准。

### 3.BIM标准的应用基础分析

BIM在中国的有效应用与推广主要依赖于以下三个方面。

（1）BIM平台软件的开发。功能强大和符合应用习惯的软件工具组成一个统一的符合建筑产业规则应用平台，这是BIM应用成功的前提和动力。

（2）BIM数字化资源的建立。在数字环境下建造建筑物体，数字构件是最重要的部件和基础资源，无论是数量还是质量都应当与实体建筑完全一致，才易于选用。

（3）BIM应用环境的改善。BIM应用成功还取决于硬件环境的改善及应用者的认同和认可，完善的培训和考评条件。这三方面全面协调发展以及建筑业各相关方在项目全生命周期的相互交流和全面沟通不可能靠各企业，用户的自发行为，而是需要在标准化的环境下才能实现。即在中国建筑行业标准和规范的范畴内建立符合中国建筑行业特征的数字化标准。

### 4.BIM标准的基本体系

同我国传统的工程建设标准一样，BIM标准应主要包括三方面的内容。

（1）技术规范即信息交换规范，主要包括引用现有国家和国际的标准和标准体系。基本内容包括：中国建筑业信息分类体系与专业术语标准、中国建筑领域的数据交换标准、中国建筑信息化流程规则标准等相关内容。

（2）解决方案，主要针对中国BIM数字化资源问题。我国的企业应用支持BIM的软件制作BIM数字构件资源，制作符合BIM标准的数字化建筑构件资源。不同的BIM可以通过不同的方式来完成，每个构件资源可以具有不同的尺寸、形状、材质设置或其他参数变量，但需要符合BIM技术规范中对数字构件的要求。

（3）应用指导，主要是协助用户理解和应用 BIM，使 BIM 更加普及，可操作性变强，并利用技术规范制作构件并用我们提出的 BIM 标准构件搭建和使用 BIM 模型。符合 BIM 的建筑信息模型可以进行根据流程规则导入（出）符合中国现有规范的各种建筑物理性能分析的信息模型。

## 三、BIM 标准制定面临的困难和建议

### 1.BIM 标准制定面临的困难

无论是从理论研究还是基础实践等方面看，国内外 BIM 的发展仍然处于初级阶段。因此，尽管编制单位做了充分准备，BIM 国家标准在制定过程中仍然存在诸多困难。

（1）BIM 理论和实施策略充满不确定性。近年来，信息产业技术迅猛发展，BIM 基础理论从诞生之初就不断地发生变化。在建筑工程领域，人们对信息的需求度日渐增高，不再局限于对项目本身三维化表达。三维模型和二维表述之间的联动等要求，建设项目信息化（数字化）处理日渐成为理论探索的主要方向以及实际应用中的发展方向。然而，目前尚无法精确预测技术进化的细节，而这些细节往往会引起一些重要的变化。计算机软硬件的高速发展也从某种程度上加重了这一不确定性，直接影响到 BIM 技术实施策略的实现。

（2）BIM 应用普及与实践的基础尚属薄弱。尽管整个行业都在向信息化迅速推进，但目前世界范围内，BIM 技术的应用在建筑工程领域还未成为主流。对于建筑工程行业，BIM 技术，特别是对于信息（Information）的充分应用这一理念，仍然是新鲜事物。因此，国内外还没有在建筑全生命周期应用 BIM 技术的成熟实例。国内真正意义上基于信息应用的 BIM 设计、施工仍然处于探索阶段。很多单位正在结合自身的特点，不断地尝试不同的 BIM 使用手段，以期取得最为适合的结果。对国内大多数工程来说，BIM 技术应用很容易陷入源于工程周期的困境——投资者愿意并有足够的时间和耐心去等待一个技术的成熟。因此，为数众多的不具备深厚实力的企业根本无法进行有效的 BIM 实践。

（3）兼顾多方利益须充分谨慎。美国 NBIMS 编制委员会副主席曾经公开表示，美国 NBIMS 到目前为止，仅仅完成了 2% 的工作量，除了对 BIM 自身的探索不够外，需要均衡多方面的利益也是重要原因。中国也面临着同样的形势。目前，中国的 BIM 国家标准尚未确定是否颁布为强制性标准。然而，即

便是建议性标准，也将会对全行业产生重大影响，要求相关从业组织和个人根据具体情况逐步实施，至少大方向不可偏离。换而言之，国家标准基本上确立了 BIM 发展的方向和实施策略，各地区、行业、企业要在此基础上结合自身特点制定相应的更为详细的操作规范和规程，这样才能保证行业利益最大化。显然，BIM 国家标准与众多企业或组织利益有关，因此对研究、制定、贯标都需要足够谨慎。

在建筑工程领域，从来没有一项技术像 BIM 这样，给全行业带来迅速的革命式的变化。20 年前的设计院"甩图板"仅仅是一次局部变化，整个行业链条依然以一种传统方式流转。而 BIM 所带来的是全链条各节点上的变革，从生产工具到生产方式，从个人意识到多方协同，都会发生改革。这场变革的轴心就是对于信息的应用。因此，投资方、设计方、施工方、制造方等诸多行业参与者，都会在 BIM 标准的指引下进入这场社会利益的再分配过程。因此，从社会公正的角度上说，BIM 国家标准的编制必须是充分谨慎的。

### 2.BIM 标准制定的建议

（1）存储格式的确定。用 IFC 文本存储的方式性能较差，而且不容易按需读取。BIM 数据将会包含各个阶段的数据，每种软件对数据的需求都不完全一样。采用数据库的方式会比较合理。建议开发对存储格式读写的接口模块。

（2）配套标准和关联标准的建设和修订。BIM 标准的成功实施，其中一个很大的难度在于牵涉相关标准太多，这些标准都是基于原有过时的技术制定的。要协调行业各个标准的配套，否则 BIM 标准还会有很多很大的障碍。如当前各地造价、定额规范中的工程量计算规则，是为了手工计算的方便，进行了很多简化，这种简化使基于 BIM 的工程量解决方案增加了复杂度和难度，BIM 解决方案按实体，按实际计算更容易实现，也更合理，更容易实现数据的传输。

（3）BIM 标准的实施原则。全行业使用的标准，不应与现行的国家标准、行业标准不兼容的标准出台。地方标准的实施应符合国家相关标准的要求，促进建筑行业信息化的发展。

（4）加强落实宣传。由于目前国家标准尚未正式发布，国内大多数项目并没有普遍使用 BIM，还不知道 BIM 给建筑行业带来的巨大变革，加强 BIM 宣传，进一步推动 BIM 标准的编制和实施，成为 BIM 行业快速发展的重要因素。

# 第三章　BIM 技术的发展趋势

## 第一节　BIM 技术与建筑业生产力

建筑业也正在从高速增长转到中速增长，经济增速放缓倒逼建筑业转型。低要素成本驱动的发展方式已难以为继，技术创新将是建筑业发展的动力，建筑业已逐步开始从要素驱动、投资驱动向创新驱动改变。随着信息技术的发展，数字化建造技术正以前所未有之势给建筑行业带来巨大的转变。从 ERP 信息到基于 BIM 的工程管理，从数字化的工地管理到实现 VR 的应用，新技术的应用已经成为我国建筑业发展的强大推动力。

BIM 技术的快速发展已经超越了很多人的预期，随着住建部及北京、上海等地区推进 BIM 应用的相关文件的出台，多个城市通过政策和标准的引导，激活了市场，推动了 BIM 技术的发展，提升了 BIM 技术的应用能力。十年前，BIM 仅仅是一个概念；五年前，BIM 只是在一些重点项目上推广应用；而今天，BIM 已经在全国范围内被大面积地推广，很多城市已经出台了相关政策。BIM 技术的应用将成为推动我国建筑业发展的强大力量。

BIM 技术作为建筑业信息化的重要组成部分，具有三维可视化、数据结构化、工作协同化等特点和优势，为行业发展带来了强大的推动力，有利于推动绿色建设，优化绿色施工方案，优化项目管理，提高工程质量，降低成本和安全风险，提升工程项目的管理效益。

BIM 给这个行业带来了革命性的甚至是颠覆性的改变。

一方面，BIM 技术的普及将彻底改变整个行业由信息不对称所带来的各种根深蒂固的弊病，用更高程度的数字化整合优化全产业链，实现工厂化生产、精细化管理的现代产业模式。

另一方面，BIM在整个施工过程中的全面应用或施工过程的全面信息化，有助于形成真正高素质的劳动力队伍。BIM是提高劳动力素质的方法之一，而这种劳动力的改造对中国的城镇化而言将是一个有力的支撑。

2015年年底，党中央、国务院召开了城市工作会议，在这次会议上，明确提出了在未来建筑业的发展中，要大力推广装配式建筑。2016年9月，国务院召开了常务理事会，正式审议通过了《关于大力发展装配式建筑的指导意见》（以下简称《指导意见》），这充分显示了国家层面对这项事业的高度关注和重视。《指导意见》中，发展装配式建筑的重要任务和考核指标都非常明确、非常具体。作为装配式建筑的生产模式，建筑工业化是新型工业化道路的发展趋势，是我们转型的需要，更是一次历史的选择。

近年来，随着建筑业体制改革的不断深化和建筑规模的不断发展，我们的国策基础在不断增强，但总体来看，劳动生产力提高幅度不大，质量问题一直是建筑业的一个挑战，整体的技术进步还不能满足要求。为确保各类建筑最终产品，特别是装配式建筑的质量和功能，要优化产业结构，加快建设速度，大幅度提升劳动生产力，使建筑业更快走上质量效益型道路，成为国民经济的支柱性产业。BIM技术的应用和发展是建筑工业化的一条重要举措。

我国装配式建筑发展的形势非常好，一大批建筑企业开始从转型升级中寻求建筑工业化的发展，并取得了阶段性成果。中国建筑学会专门成立了工业化建筑学术委员会，旨在本行业内构建一个绿色生态体系下的建筑科研设计、施工安装、生产经营、后期维护以及创新技术互动、交流应用等分享的平台，实现资源、成果、技术和信息的共享。以往的经验发展过程中的教训都应该成为我们的借鉴。更长远来看，中国将在未来20年继续推进城镇化进程，数亿农民将拥入城市，BIM和建筑工业化的实施将使这些农民工更快地转变为现代产业工人，并帮助其融入城市的文化。

此外，应用BIM和建筑工业化将使我们的建筑更加低碳、绿色、环保，这将有助于改善我国的空气质量。

# 第二节　装配式建筑及政策支持

## 一、概述

### 1.BIM 技术在装配式建筑中的应用

20 世纪 50 年代至 60 年代中期，我国从苏联等国家引进了工业化建造方式。1956 年，国务院发布了《关于加强和发展建筑工业的决定》，首次提出了"设计标准化、构件生产工厂化、施工机械化"，明确了建筑工业化的发展方向。20 世纪 60 年代中期，除了大量的工业厂房外，全国建设了约 90 万平方米的装配式混凝土大板住宅建筑，其中北京建设了约 50 万平方米。20 世纪 70 年代末至 80 年代末，我国进入住宅建设的高峰期，装配式混凝土建筑迎来了第二个发展高潮。这个阶段的装配式混凝土建筑，以全装配大板居住建筑为代表，全国总建造面积达 700 万平方米，其中北京建设了约 386 万平方米，建成最高的是北京八里庄的 18 层大板住宅试点项目。1999 年以后，国务院发布了《关于推进住宅产业现代化、提高住宅质量的若干意见》，明确了住宅产业现代化的发展目标、任务、措施等，装配式建筑发展进入新阶段。21 世纪前 10 年，装配式建筑发展相对缓慢。最近几年，随着国家和各地政府推进力度的不断加大，装配式建筑呈现快速发展局面。

装配式结构体系分为三种：装配式木结构体系、装配式混凝土结构体系、装配式钢结构体系。其中，装配整体式混凝土建筑（Precast Concrete Structure，PC 建筑）是采用预制混凝土构件或部件，在施工现场装配而形成整体的建筑结构。以 PC 建筑为代表的住宅工业化是住宅产业化的核心内容，也是住宅产业现代化的重要标志。

BIM 技术为装配式建筑的发展提供了机遇，装配式建筑又为 BIM 技术的落地提供了新的方向和平台。建设单位主导项目全过程的 BIM 应用，使各单位的项目管理水平都得到提升；施工图设计直接应用 BIM 软件，提高了设计效率和质量；设计模型与图形算量对接，探索成本精细化管理的新思路。通过 BIM 技术，可以实现建筑模块化、工业化生产，有利于装配式建筑的核心内容——拆板优化与构件精细设计，积累了装配式建筑"标准化设计、工厂化生产、装配化施工、一体化装修、信息化管理、智能化应用"的经验。不同建筑工程之间差异很大，工程项目各参与方对BIM技术的理解及掌握程度不一样。在推进装配式建筑过程中，如何有效协调项目各参与方，使BIM技术落地实施，真正发挥工程管理的作用，成为一项迫在眉睫的任务。

BIM技术服务于项目设计、建设、运维、拆除的全生命周期，可以数字化虚拟、信息化描述各种系统要素，实现信息化协同设计、可视化装配、工程量信息的交互和节点连接模拟及检验等全新运用。BIM技术的应用使装配式建筑能够通过可视化的设计实现人机友好协同和更为精细化的设计，整合建筑全产业链，实现全过程、全方位的信息化集成。

装配式建筑的典型特征是采用标准化的预制构件或部品部件。为避免预制构件在现场安装不上所造成的返工与资源浪费等问题，保证设计、生产、装配的全流程管理，建立装配式建筑的BIM构件库势在必行。BIM技术将设计方案、制造需求、安装需求集成在BIM模型中，在实际建造前统筹考虑各种要求，把实际制造、安装过程中可能产生的问题提前消灭，就可模拟工厂加工，以"预制构件模型"的方式来进行系统集成和表达。这意味着在设计的初始阶段就需要考虑构件的加工生产、施工安装、维护保养等问题，并在设计过程中与结构、设备、电气、内装等专业紧密沟通，进行全专业、全过程的一体化思考，实现标准化设计、工厂化生产、装配式施工、一体化装修、信息化管理。装配式建筑设计要适应其特点，通过装配式建筑BIM构件库的建立，不断增加BIM虚拟构件的数量、种类和规格，逐步构建标准化预制构件库。

RFID（无线射频识别、电子标签）技术在金融、物流、交通、环保、城市管理等很多行业都已经有了广泛的应用。BIM出现以前，RFID在项目建设过程中的应用主要限于物流和仓储管理，RFID和BIM技术的集成能够使其不再局限于传统的办公和财务自动化应用，而是直指施工管理中的核心问题——实时跟踪和风险控制。将有源RFID芯片与BIM技术相结合，应用于装配式住宅项目中的PC构件流程跟踪记录，将工程信息、BIM数据存储于"服务器"，通过云平台将各端口数据进行协同应用，自动记录每个流程步骤并同步于云平台，在BIM模型中动态展示。

不同于传统的建筑工程施工作业管理，装配式建筑的施工管理过程可以分为五个环节：制作、运输、入场、存储和吊装。能否及时准确地掌握施工过程中各种构件的制造、运输、入场等信息，在很大程度上影响着整个工程的进度管理及施工工序。施工现场有效的构件信息，有利于现场的各构配件及部品体系的堆放，减少二次搬运。但传统的材料管理方式不仅信息容易出错，而且有一定的滞后性，为解决装配式建筑生产与施工过程的脱节问题，可将RFID技术应用于装配式建筑施工全过程。

（1）构件制作、运输阶段。以BIM模型建立的数据库为数据基础，将RFID收集到的信息及时传递到基础数据库中，并通过定义好的位置属性和进度属性与模型相匹配。通过RFID反馈的信息，精准预测构件是否能按计划进场，做出实际进度与计划进度的对比分析，如有偏差，适时调整进度计划或施工工序，避免出现窝工或构配件的堆积，以及场地和资金占用等情况。

（2）构件入场、现场管理阶段。构件入场时，通过RFID读取构件信息并将其传递到数据库中，与BIM模型中的位置属性和进度属性进行匹配，保证信息的准确性；同时通过BIM模型中定义的构件的位置属性，可以明确显示各构件所处的区域位置，在存放构件或材料时，做到构配件点对点堆放，避免二次搬运。

（3）构件吊装阶段。RFID的应用有利于信息的及时传递，从直观的三维视图中呈现实时的进度对比和量算对比。

### 2. 国家政策

我国每年竣工的城乡建筑总面积约20亿平方米，是当今世界最大的建筑市场。与世界发达国家相比，我国建筑工程迫切需要采取工业化的手段来提高建筑的质量和效益。因此，提供符合市场要求、建造质量好、节能环保、省工省时的新型预制装配式建筑，已经成为推进建筑产业可持续发展的必然。

2016年2月6日，中共中央、国务院印发《关于进一步加强城市规划建设管理工作的若干意见》，要求积极推广应用绿色新型建材、装配式建筑和钢结构建筑，力争用10年左右时间，使装配式建筑占新建建筑的比例达到30%。到2020年，装配式建筑占新建建筑的比例达到20%以上；到2025年，装配式建筑占新建建筑的比例达到50%以上。推进新型建筑工业化成为社会经济发展的战略需求，是实施节能减排、城镇化建设、供给侧改革、企业转型升级的需要。

## 二、案例分析

### （一）对石榴居的分析

石榴居是先进建筑实验室设计建造完工的一项采用 BIM 技术的装配式项目，在此次项目中，各个参与方尝试在设计阶段采用协同设计方式，并采用 BIM 技术进行全过程参与，是一次成功的装配式建造。

以下，本研究将以实验室中基于 BIM 技术的小型装配式建筑"石榴居"为例，阐述其从设计到施工的全过程，来说明 BIM 技术与装配式建筑的结合方式及其意义。

#### 1.项目概述

"石榴居"是目前国内预制化程度最高的胶合竹建筑，项目位于湖北武汉洪山区华中科技大学的校园内，占地面积 100 m²，建筑长度与宽度分别为 6 m 与 10 m，门式钢架最高点 6m，是一款新型建筑结构体系的实验。装配式建筑中最常见的类型是保障性住宅和灾后应急建筑，而石榴居是一个使用年限长达 50 年的别墅建筑。

本项目作为装配式项目，建筑的所有构件都在工厂预制，预制率达到 100%，由现场的 2 名工人及 20 余名志愿者用 25 天时间装配而成。

石榴居的结构为轻型的预制体系，主体采用 30mm × 600m 的门式钢架体系，主要材料为胶合竹材、木材、方钢、镀锌铁皮。

本次项目预期达到的目标：

（1）实现装配式构件标准化、模块化，尽量减少构件种类；

（2）预制构件生产工厂化，现场施工建造机械化，项目组织管理科学化；

（3）缩短项目工期，降低项目成本，高效率绘制施工图；

（4）尝试将竹资源转化成工业化预制建造体系，探索装配式建筑的定制化。

#### 2.方案设计

（1）地理位置

石榴居位于武汉市洪山区，坐落在珞珈路华中科技大学的校园内，毗邻该校建筑系馆，二者连接成为一个有机的整体。

（2）建筑设计

石榴居的方案设计十分简洁，平面是一个"凹"字形，凹入的空间作为一个具有引导性的入口退让。屋顶为简化后的传统双坡屋顶，山墙面架出一个细柱廊道作为侧入口灰空间。石榴居的内部流动性很强，为了进一步增强空间的层层渗透感，建筑师通过旋转山墙面的几扇阳光板，可以打开整个山墙面界面，这使得使用者从室外进入廊道灰空间后，进而进入建筑内部的过程成为一个连续而不自知的序列。景观处理方面，石榴居所在地范围内所有的树木都被保留，作为景观为石榴居内的使用者观赏，这些树木同时也起到一定遮蔽作用。

石榴居的另一大特点便是，它的结构构件兼作结构与家具多种功用，因此建筑师穆威认为："它是一个居所，但同时也是一个放大的家具。"

（3）新型建筑材料

与传统的钢结构、预制混凝土装配式建筑不同的一点是：石榴居的主要建筑材料为胶合竹。胶合竹材料是20世纪80年代末兴起的一种新型竹质复合材料，由中国林科院王正教授研发成功（该专利于2006年获得国家科技进步一等奖）。除了具有普通竹材速生、环保、节能等特点外，还因其特殊的生产工艺，该材料的力学性能远远超过其他竹材。更重要的是，它可以作为结构材料来使用，是比较理想的"节材代木""节材代钢"的材料，也是具有中国特色的新型材料。穆威认为："它的纤维同向性比木材高4~5倍，中空的天然结构注定了它要用来做结构材料，而且它是速成材料，自我更新很快。最好的胶合竹是4年生的，太老反而不好，但4年生的木材只能用来做非承重的东西。当时我们与中国林科院木材工业研究所开展合作，尝试将非工业化的天然竹转化成具备精确建造能力的胶合竹结构材。我们做了很多抗疲劳实验，发现50年的四季模拟才损耗了胶合竹20%的性征。"

胶合竹的物理性能十分优异，材料本身具有很好的热加工性能，可以直接通过构造解决保温隔热防水等问题，其主要的性能指标，如静曲强度、抗压强度、弹性模量等都要远远高于木材的物理性能，并且完全高于日本关于木质房屋的建造标准。

（4）胶合竹结构体系与预制建造模式

竹子是扎根于中国的材料文化，它也和中国传统的预制体系有着不可分割的关系。不仅如此，竹子的生长速度很快，有用于大规模制造的开发潜力。材料美学方面，以一个建筑师的角度来审视，竹子具有纯粹干净的线条感，也是一个天生带有美感的建筑材料。穆威主持的先进建筑实验室发现了竹材料的这一特点，便尝试将竹资源转化成工业化和标准化的预制建造体系。

经过两年的自行思考和探索之后，穆威采用了中国林科院研发的胶合竹这种新型环保材料（该专利获得了 2006 年国家科技进步一等奖），探索出一种符合中国国情的预制建造体系——胶合竹预制体系。胶合竹的特性使得它可以形成标准化的板材和构件，以不同的方式灵活组合，应用于建筑的结构、围护、隔断和家具等多个部位，且构件易于更换，使得维护成本大大降低。

为了探索胶合竹结构体系，穆威与林科院合作，把制作竹胶板的技术继续精细化、理性化，并将其塑造成一种强度很高的结构板材，尝试将中国海量的竹子资源转化为工业建筑的材料。同时，通过 BIM 技术和预制优化的运用可以将这种特殊的建筑体系简化成"宜家"式的便携装配模式，建筑设计和建造技术被消解成"客户定制—数控加工"和"集体参与性"的建造模式。

由此看来，胶合竹预制建造体系可以是一个高度的数字化加工模式，它可以被建造为或临时或永久的建筑，其极强的亲和性、轻质以及预制化装配化的特点正是符合了建筑师对于这套体系之后被用作"农村自建房"或"保障性住房"的全民化构想。

（5）结构设计

石榴居的主体为门式钢架体系，主要起主体支撑作用的是三种规格的门架，主体支撑 1 位于入口凹入区域，主体支撑 2 为主要建筑空间墙体的横向划分构件，主体支撑 3 为山墙界面的基础结构。

主体支撑 1 共有 4 根；主体支撑 2 为了突出灰空间的轻盈感，构件截面薄而细，共 3 根；主体支撑 3 作为主要立面区域的框架构件，截面最宽，共有 12 根。

每一个主体支撑门架都是由 4 个胶合竹构件和 5 个"接口"（钢连接板）组成的，三种形式的主体支撑门架共有五种规格，配合有五种规格的钢连接板。主体 19 个门架并列固定好之后，再由横向构件将门架之间连接起来。

### 3. 预制构件拆分设计

（1）构件拆分

在预制构件的深化阶段，需要设计方和施工方、制造方进行配合。到施工阶段，不同的施工工艺需要对预制构件进行不同方式安装，为了到达减少脚手架增加机械化程度，在预制构件吊装的过程中，须由机械设备进行操作，所在构件深化设计中需要对预制构件按照施工工艺进行开洞和构件预埋。不仅如此，在构件的深化过程中，对于构件的尺寸以及体积也需要满足制造厂商的生产、运输条件和施工条件。

所以，在此项目中，设计方、制造方、施工方通过网络以文件的方式，在深化预制构件模型的过程中相互协作、共同设计。施工人员进行进一步的施工预留洞布置，同样也是实时进行上传更新。因为，施工方和设计方是在同一个模型上进行三维设计操作，所以，设计人员能够直观地观察到设计与洞口之间的问题，然后进行设计调整。若遇到需要协商的问题，通过即时通信与施工方、制造方进行讨论，然后共同得出共同的解决方案。

在对预制构件进行拆分时应该遵照一定的拆分原则进行。

1）在组合样式尽可能更多的前提下，尽量减少构件的规格种类。

2）构件与构件之间连接口的构造不宜复杂，在对构件与接口进行设计时应考虑整体结构体系的安全系数。

3）预制构件拆分时应满足模数制，便于构件之间的搭接。

4）预制构件的尺寸长度应小于 5m，高度应小于 3m。

5）预制构件不宜过重，需考虑施工现场吊装的机械承重能力。

此次项目采用的是胶合竹结构，所有外墙、梁柱以及内置家具为全预制，基本预制构件单元为胶合竹板，不同规格的胶合竹板充当不同功能的梁柱或围护结构。

石榴居的构件拆分逻辑整体依照其结构逻辑，门架分解为两个斜梁与两个立柱，作为主要支撑结构组成部分的梁柱构件统一设计为 30mm 厚的胶合竹板，共有 5 种规格，作为主要围护结构的构件被分为 2 种规格，80mm 厚，其他用作保温层、里层和分隔作用的胶合竹板共有 29 种规格，10mm 厚。构件之间由 6 种规格的钢连接板以及一种规格的钢螺栓组成"接口"进行拼接，本项目的构件共有 40 种规格，建模细致程度精确到每一个螺栓。

在确定好构件拆分之后，在软件中调整构件视图，导出构件的二维 dwg 格式图纸，其中包括顶视图、底视图、正视图、背视图、剖面图等，辅助设计人员进行构件深化设计。最后，将细化后的各视图二维图纸又导入 Revit 进行预制构件的模型创建。每一个预制构件以"族"的模式独立存在，互不影响，这为之后的构件拼接、构件模型数据库建立、施工工艺模拟做好了准备。

在构件模型创建完毕之后，需要对构件进行预拼装，进一步检查其完整性。将构件模型全部导入模型项目文件中，为了提高拼装效率，由多人进行同时拼装。通过将模型上传至服务器，形成中心文件，在 Revit 中设置多个工作集，每个人通过个人的工作集进行构件拼装工作，互不影响。最后，在完成自己范围的构件拼装之后，同步至中心文件即可。

（2）构件模型库

在装配式项目中，预制构件、设备、标准化部品等种类繁多，为了更加高效地进行专业之间的协同设计和管理构建模型，在此次项目中我们建立了模型数据库。由于模型数据库只是针对此项目，而且所有设计人员在同一地点进行办公，所以不需要采取云端的方式构件数据库，而是建立在本地的中心服务器上。这样一来，项目的参与人员便可以通过访问中心服务器和清晰的目录层级，有效地管理各类构件模型，这也是项目有序开展的基础。

由于项目规模较小，且本项目建设周期较短，仅有二十余天，在方案设计阶段即需要综合各方面因素与要求，做出合理的设计方案，以 BIM 模型的可视化特点对建筑外形样式、结构形式与建筑细节的推敲都起到了十分重要的指导作用。由于本项目规模较小，建立的 BIM 模型精细到螺栓级，可完全真实地反映建筑的每一处细节。

结合族构件的创建可以建立项目所需的构件库。在进行项目后续的建筑、结构、机电设计过程中，设计人员从创建好的构件库中选取所需用的标准构件到项目中，构件库组建完成后，随后将根据工程的实际情况对各模块进行模拟组装，使一个个标准的构件搭接装配成三维可视模型，最终提高装配式建筑设计的效率。

此次项目中，将预制构件库根据之前的构件拆分设计方案，分为墙构件库、梁构件库、柱构件库、隔板构件库 4 类二级目录，之下又分为 8 个三级目录，建立标准化。此次项目建模放弃传统的创建墙、梁、板、柱等构件的建模方式，全部采用自建柱拼装的方式，模型中的每一个族都按照实际预制尺寸建立，每一个族就是一个部件，族文件中包含了每一个部件的材料、尺寸等详细属性。

初步方案完成之后，需要对项目展开进一步的深化，以便达到工业化生产的精度和工业化施工的准确度，精度要求的提高更加需要 BIM 技术的应用与支撑。而在装配式建筑的深化设计阶段主要工作之一就是对预制构件的细化设计。此阶段除了对预制构件的深化，还有对施工方案的设计。

### 4. 深化设计

（1）碰撞检测

在本实践案例中，由于构件都为预制化构件，各构件间的加工制造过程均在工厂完成，所以模型在 BIM 软件中进行虚拟碰撞检查就非常重要。针对 BIM 模型进行各专业间的冲突检测，发现设计问题，进行多专业协调，严格控制净高，避免由施工图纸不精准造成的空间浪费而影响到整体效果。

本案例中进行碰撞检测的步骤为以下内容。

数据准备：

1）确认后的模型、施工图整合模型；

2）冲突检测原则；

3）净高控制要求。

操作流程：

1）收集数据，并确保数据的准确性；

2）整合模型和施工图模型，形成整合的建筑信息模型；

3）设定冲突检测及管线综合基本原则，按照既定原则，对精装修各构件进行自检以及与主体构件的碰撞检查，对碰撞点进行审核优化，编写碰撞检查报告，提交各专业确认后调整模型。

提交成果：

1）精装修碰撞检查报告；

2）调整完成后的综合模型。

通过碰撞检测，BIM 软件会自动生成碰撞检测报告，该报告可以显示碰撞点的模型、位置及图层等信息，各专业人员根据该碰撞报告可以对自身的模型进行调整，然后实现碰撞问题的消除。

（2）工程统计

在工程量的统计上，分为两部分：一是对装配式项目中所有预制构件在类别和数量上的统计；二是对每个预制构件所需的各类材料的统计。以便给制造厂商提供所需的物料清单，也使项目在设计阶段能够进行初步的概预算，实现对项目的把控。该项目中预制构件类别和数量的统计明细表，只需要初步的模型便可以进行自动化统计，从而导出结果。

项目在创建族时，除了将构件的尺寸输入之外，其材质等参数信息也被添加进去，利用 BIM 软件通过公式控制，可精确计算统计各种材料的消耗量，能自动生成构件下料单、派工单、模具规格参数等生产表单，为材料的采购提供可靠的依据与参考。并能通过可视化的直观表达帮助工人更好地理解设计意图，可以形成 BIM 生产模拟动画、流程图、说明图等辅助培训的材料，减少计算误差，提高了工人的效率。

对于预制构件所需的材料统计，需要利用深化完毕的构件模型，再分别对每个预制构件墙体部分和钢筋部分进行了统计，这些统计数据均是根据前期对构件模型属性信息的设置所自动计算产生的，设计人员和制造厂商可以根据这些材料的统计数据快速实现概预算、采购、用量的精准控制。而且，由于明细表中的数据与构件模型是联动的，所以构件模型一旦修改，明细表也会及时更新。

### 5. 构件的生产运输

（1）构件生产

深化设计构件阶段 BIM 技术的应用关系到预制构件生产、施工阶段的效率和后期对建筑的运营维护。构件设计完成后进入工厂化生产阶段，在进行生产之前需要生产人员与设计人员进行沟通，以便正确理解设计意图。

传统的设计意图交底以二维设计图纸作为基础，设计人员在交底时很难将设计意图完整地呈现给生产技术人员，导致构件的生产出现错误。在实际生产过程中，有时会根据生产需要对某些构件进行细节设计和更改，这些信息不能实时反映给设计人员，不仅延误生产工期，还会给参与人员的沟通带来困难。

生产人员进行预制构件生产时，利用 BIM 技术就可以直接读取参数化模型所包含的各种信息，直观地展现构件信息，还可以通过查看构件的属性，了解构件构造，以及构件之间、构件与螺丝的搭接方式，为构件的标准化生产提供了更精确的信息。

（2）构件的运输

本项目在构件拆分设计阶段就已考虑到了构件运输问题。除此之外，构件本身相较于混凝土构件更为轻质，方便运输。

在运输构件的过程中需要注意的问题包括：第一，根据构件的尺寸选择好适合的运输车辆，并安排好运输时间；第二，制定出完善的行车路线，包括构件的摆放点和车辆进出摆放点的路线；第三，根据施工所需构件的顺序制定好构件的运输顺序，使施工现场没有构件积存。

通过 RFID 技术将现场施工进度第一时间发送到 ERP 系统，可以让构件准备人员能立即完成构件选取的工作计划。同时 BIM 技术还可以模拟运输构件的过程，提前预知在运输过程中可能存在的问题加以避免。

### 6. 图纸生成

为了更清晰地呈现项目，"石榴居"出图内容除了包括传统的平、立、剖面图外，还增加了三维剖切图、透视图、爆炸图、拼装图、主体结构图、零件详图等，帮助施工人员更直观地了解建筑的构成。

在出图阶段，传统绘图方式中较为复杂的图纸给设计者增添了不少工作量，相较而言，BIM 软件（Revit）模型的联动性智能出图与自动更新功能在出图时起到了至关重要的作用，可自动生成构件平、立、剖面图以及深化详图。出图时，设计者只需要对模型构件进行视图角度的调整，就可以得到自动生成的相对应的视图。

### 7. 施工模拟

本实践案例中，利用 Navisworks 工具可导入项目进度计划控制文件，然后通过进度表项与虚拟构件的关联实现动态节点的设定，项目节点相当于 flash 动画中的关键帧，通过工具提供的施工模拟工具，可动态生成项目按进度施工的模拟动画。通过各专业施工动画的推演确定预制件安装的顺序和施工人员部署关系，从而达到控制施工过程的目的。

### 8. 现场装配

"石榴居"整个建造活动历时 25 天，参与现场建造的都是自愿报名加入的学生，所有预制构件均被提前运输到装配现场，志愿者通过 Revit 生成的结构图、构件信息图、结构爆炸图等图纸指导安装，为了方便志愿者对整体结构有更清晰的了解，现场还制作了一个缩小比例的结构草模，现场的装配只需志愿者根据构件图找到每个预制构件，根据小比例草模拧螺栓拼接组装每个构件就能完成建造，全程只用到了一个脚手架就完成了安装工作。对于"石榴居"的建造过程，穆威发现，这种材料的结构强度远远超出了设计时的估计，经过土木专业的计算，每个节点需要螺栓的数目是46颗，但是在做第一个施工模拟样品时发现只需要4颗螺栓就能固定得很结实。后来出于安全考虑，穆威决定将设计时的46颗减到16颗，但即便是16颗，也能够保证结构在搭建一半时保持极高的稳定性，实践证明，这个装配式结构体系的强度很高，具有极强的可装配性及适用性。

### 9.工作模式

（1）协同工作

在预制装配式结构建筑中，各团队之间需要紧密的协作关系，而BIM技术已被证明是整合性服务团队的关键技术。基于BIM的协同工作需要各方设计人员通过网络访问中BIM数据库或者云端，便可实时进行模型、数据的读写操作，解决了物理空间上的障碍，不受地点、时间的限制。

1）设计过程协同

本实践案例在设计过程中使用Revit软件中心文件模式的协同设计方法，首先在服务器中创建中心文件，然后在该中心文件中创建各专业规程，并设定参与者权限。其原理是所有参与设计的人员都共同操作同一个网络文件，从而达到协同的目的。

各专业人员的操作不影响他人，只有在与中心文件同步时才会进行异步上传控制，利BIM软件自身的协同能力即可完成设计阶段的协同。

2）跨区域文件协同

基于云端的跨地域协同，原理是将项目文件夹和云盘关联，项目团队通过局域网内的项目文件夹进行团队协作，跨地域团队通过云服务同步传输文件，保证项目人员在任何时间、任何地点安全且精准地完成同一个项目，同时保证每一个人都能够依靠一个单一的、一致的项目信息资源。

（2）项目管理

1）项目进度管理

在项目开始初期，制定了项目进度管理表，根据完成内容制作节点，控制每一阶段的完成时间以及提交的成果，在项目正式运行起来之后，再根据任务分配记录每个项目参与人员的实际工作进度，与计划进度对比，更好地了解项目动态，以便及时调控。

2）项目任务分配管理

项目进行的每一阶段，都将任务详细分配到每一位参与人员，并派发工作单，每项任务完成之后由项目负责人确认成果并签字，有效控制项目质量和保证项目有序推进。

通过项目任务管理表格结合个人工作管理表，方便项目负责人了解每一位组员的工作效率，合理安排任务，在项目结束时，也能准确量化每位组员的工作时长，方便绩效考核。

## 10. 项目中存在的问题及解决办法

（1）在建立初始模型时构建没有进行统一命名，导致在统计工程量时十分杂乱，因此后期对重设模型中对构建进行统一格式命名：功能、材料、编号。

（2）在制作族时，采用了同一族样板"常规模型"，并且没有设定族类别，导致后期不能进行构件过滤。需重设模型中按照不同的功能设置不同的族类别或采用不同的样板制作。

（3）采用工作集进行协同工作时，工作集划分不明确，任务交叉，易造成混乱。应该按照视图来划分工作集，每个视图都有固定的所有者，每个组员都在自己的视图中进行绘制，互不干扰。

（4）由于是研究性项目，项目目的与成果在项目初始阶段很不明确，变动很大，导致模型的用途在设计过程中不断改变，一个模型无法继续深化满足所有要求。因此后期不得不根据不同需求建立多套模型。

（5）项目规模较小，涉及的专业种类较少，主要由建筑专业结构专业完成，BIM技术的协同性与集成化没有得到最大化展现。

## 11. BIM技术在石榴居中的运用价值

（1）BIM的协同工作平台提升了工作效率，也节约了工作交接与整合的时间，每个设计者都在集中工作，信息可即时更新但又互不干扰。

（2）BIM模型的可视化更便于设计人员之间的交流沟通，对于材料结构构件等的设计修改意见意图都能有效传达。

（3）由于本项目有几百个预制构件，BIM技术的构件模型库可以更高效地管理构件与协同设计，对所有规格的构件都有明确的目录层级分类整理，所有参与设计人员都能直接从云端模型库获取构件族，为项目的有序进行提供有利基础。

（4）与传统的现场混凝土浇筑建筑项目不同的是，预制装配式项目主要是大量预制构件、部品，只有确保每个构件、部品的拼装不出差错工程才能顺利完成。如果在传统的设计方法和工作方式下，仅仅是数量庞大的多种规格的预制构件的数据统计就会增添巨大工作量，并不能保证信息的绝对正确性，一旦发生纰漏，又会耗费人力物力来修正返工，不仅会降低现场施工效率，还会提升成本。

BIM技术在本项目中最突出的一点是预制构件预拼装，由于构件建模信息量充分，精细度足够，因此将BIM模型导入检测软件，可以提前预知在施工阶段可能出现的问题，并及时解决，也可以直接在工厂预先订制出等比例缩小的模型进行模拟施工试验。

（5）BIM技术的优势之一就是联动性高，前期通过一次性创建信息模型就可以直接使用revit的出图功能出各种需要的图纸，与传统出图方式相比节省了很多繁复的标注工作，大大提高了出图效率。

（6）项目运用了Navisworks与BIM模型关联，在现场装配前就进行了4D施工模拟，提前对施工过程进行了演练，保证了石榴实地装配工作的顺利铺展。

### 12. 小结

"石榴居"是一项采用BIM技术的装配建造项目，在此次项目中，各个参与方采用BIM技术进行全过程参与，是一次成功的装配式建造。项目成果如下。

（1）探索了将竹资源发展成工业化的预制建造体系

胶合竹的特点是轻质，建造速度快，抗震性好。建筑师很好地利用了胶合竹的突出优势，形成一种快速建造体系，将传统材料加以繁杂的建造知识转化成预制装配的模式，形成居住单元，并发展成为一类预制住宅体系，成为一种可推广模式。

（2）公民自建体系通过集体参与得到实现

公民自建体系的重点内容是建造效率和功能需求。这类体系的形成往往没有建筑师指导，公民们就地取材，在很短时间内完成建筑的搭建。胶合竹预制建筑就是公民自建体系的新代表。

（3）"同步建造"的可行性

运用数字信息化技术将建造体系模式化，使非专业人群可以更容易地理解建筑的设计、施工环节的内容。"公民性"实现的必要条件是设计师将专业的建造问题通俗明了化，使建筑设计的可操作性在预制建造的影响下得到提升，实现真正的"同步建造"。

（4）提出了以客户需求为主的定制化模式

建立了基础构件库之后，设计团队正在探索将这种胶合竹预制体系进行市场化推广，由客户需求来提取构件进行设计拼装，这无疑是模块化、工业化与信息化三者的全方位结合模式。

## （二）BIM 技术在装配式项目中的应用总结

### 1. BIM 技术在装配式建筑项目中的应用价值

（1）建筑设计阶段

1）提高装配式建筑设计效率

利用 BIM 模型可以减少纸张描绘出现的错误或者是信息不一致的问题，因为模型中所有构件都是通过参数控制的，任何一个图形都包括构件的尺寸、材质等信息，所以 BIM 模型是相互关联的。构件的某一个参数改变，整个模型中的所有构件都会相应变化。在设计装配式建筑时，为了保证装配质量，需要对预制构件进行各类预埋和预留的设计，这就需要很多专业人士相互合作，利用 BIM 模型，专家们可以在平台上进行沟通和修改，还可以将自己设计的信息上传到 BIM 平台，通过平台碰撞和自动筛选的功能，可以找出各个专业设计之间的冲突，及时找出设计当中存在的问题。同时，通过这个平台，专业人士可以准确调动其他设计者的设计资料，避免了图纸传递不及时、图纸误差等问题，极大地便利了专业设计人员之间对设计方案的调整，节省了时间和精力，减少或避免由于设计原因造成的项目成本增加和资源浪费。

如果需要导出图纸或者是构件数量表的话，利用 BIM 模型也是可行的，并且更加便捷。当然，设计单位也可以利用这个模型，和施工方、建设方、厂商等实时进行沟通，可以随时调整设计方案、施工方案等，促进了彼此更好地合作。

另外，BIM 的最大优势就是为整个合作方提供了及时有效的沟通管理平台，每个设计人员都能利用工作平台交互，使得各个参与方、各个专业能协同工作，实现了信息化和协同管理。利用 BIM 的碰撞检测软件，将 BIM 模型导入检查，得到检测出的碰撞点，经过分析碰撞点、讨论找出问题，减少因为缺乏沟通导致错误的概率，在项目施工之前就能及时发现问题并解决问题，优化了施工方案，避免了施工过程中出现相关问题进而影响施工进度。

除此之外，如果利用传统图纸计算，造价人员要花很多时间和精力来计算工程量，最终计算出的结果也并不准确，但是利用 BIM 平台里的建筑信息库，可以在最短时间内计算出准确的工程量，既避免了误差又减轻了造价人员的压力，一举两得。

2）实现装配式预制构件的标准化设计

BIM 技术是开放式的，它可以共享设计信息。每个设计者都可以把自己装配式建筑的设计方案上传到"云端"服务器上，利用云端整合样式等信息，并将"族"库装配式构件（例如门、窗等）进行预装，慢慢得"云端"数据越来越丰富，设计者就可以对比同一类型的"族"，从而选出装配式建筑预制构件的标准形状和模数尺寸。建立这样的"族"库，有利于设立标准的装配式建筑规范，同时还可以丰富设计者的设计思路及设计方法，节约设计的时间以及调整的时间，更好地适应居住者多样化的需求，设计出更多更好的装配式建筑。

3）降低装配式建筑的设计误差

利用 BIM 技术，设计者还可以精细设计装配式建筑的结构以及预制构件，从而有效避免施工阶段出现装配偏差的问题。同时，还可以精确计算出预制构件的尺寸包括内部钢筋的直径、厚度等。利用 BIM 的三维视图并结合 BIM 的碰撞检测技术，可以直观看到各预制构件之间的契合度，判断其连接节点的可靠性，排除了装配构件间冲突的可能，避免了由于粗糙设计导致的装配不合理、材料浪费问题，也避免了因设计问题导致工期延误的问题。

（2）预制构件阶段

1）优化整合预制构件生产流程

还可以利用 RFID 技术管理预制构件的物流信息，根据客户的要求，按照合同清单上列出的编码的要求，保证构件信息的准确性，对构件进行编码，每个构件都有自己唯一的编码，它还具有拓展性。然后工作人员将 RFID 芯片植入构件中，其中芯片里包含了构件的类型、尺寸、材质等信息，可以让其他工作人员及时了解到相关信息，同时也会根据实际施工的使用情况，将构件的使用情况如实上传到BIM信息库里，各个单位通过沟通商讨并及时调整方案，从而避免了待工、待料等问题的发生。

2）加快装配式建筑模型试制过程

设计人员还可以在设计方案完成之后，将构件信息及时上传到BIM信息系统中，这样生产商可以直接看到构件的相关信息，进而通过条形码的形式直接将构件的尺寸、材料、预制构件内钢筋的等级等参数信息转化成加工参数，提高生产效率，实现装配式建筑BIM模型中的预制构件设计信息与装配式建筑预制构件生产系统直接对接，提高装配式建筑预制构件生产的自动化程度和生产效率。另外，为了检验BIM模型是否可行，还可以直接利用3D打印技术，将装配式建筑BIM模型打印出来，加快装配式建筑的试验过程。

（3）构件运输管理

1）构件运输管理更便捷

在运输预制构件时，通常可采用在运输车辆上植入RFID芯片的方法，这样可以准确跟踪并收集到运输车辆的信息数据。在构件运输规划中，要根据构件大小合理选择运输工具（特别是特大构件），依据构件存储位置合理布置运输路线，依照施工顺序安排构件运输顺序，寻求路程及时间最短的运输线路，降低运输费用，加快工程进度。

2）改善预制构件库存和现场管理

存储验收人员及物流配送人员可以直接读取预制构件的相关信息，实现电子信息的自动对照，减少在传统的人工验收和物流模式下出现的验收数量偏差、构件堆放位置偏差、出库记录不准确等问题的发生，可以明显地节约时间和成本。在装配式建筑施工阶段，施工人员利用RFID技术直接调出预制构件的相关信息，对此预制构件的安装位置等必要项目进行检验，提高预制构件安装过程中的质量管理水平和安装效率。

（4）施工阶段

1）提高施工现场管理效率

利用BIM技术模拟施工现场有以下几个优点：模拟施工过程，优化施工流程；通过模拟安全突发事件，制定并完善安全管理方案，减少安全事故的发生；优化施工场地及车辆行驶路线，减少构件的二次运输，提高运输机械的效率，加快施工进度。

2）5D 施工模拟优化施工、成本计划

利用 BIM 模型可以比较不同构件吊装的不同效果，从而选出最合适的构件，制订最合理的施工计划，实现最佳的吊装效果。

施工单位的管理人员可以利用"5D-BIM"进行模拟，了解整个施工的流程，所需要的成本等，从而进一步优化施工方案，实时监控施工进程以及施工成本。

3）工程进度可监督

确定施工方案之后，在实施施工吊装的时候，利用 BIM 模型就不需要图纸，只要将放构件吊装的位置、施工的顺序都保存在模型中即可。另外，为了方便检查还可以把构件的组装步骤、实际安装所在的位置还有施工的具体时间都保存在系统中。这样可以避免手写可能带来的错误，极大地提高工作效率。每天将施工记录上传到系统中，系统通过三维方式动态显示出来，进而可以通过远程访问，准确知道施工的具体进程。

（5）运维管理阶段

1）提高运维阶段的设备维护管理水平

可以利用 BIM 和 RFID 技术建立专门的运营维护系统来监测装配式建筑预制构件及设备。例如，突然发生火灾时，消防员可以通过信息系统准确定位火灾发生的地点，并借助 BIM 系统对建筑物监控，从而可以知道建筑物的材质，继而了解使用什么材料可以有效灭火。另外，在对装配式建筑和附属设备进行维修时，利用 BIM 模型可以直接知道预制构件、附属设备的型号、生产厂家等信息，极大地缩短维修工作时间。

2）加强运维阶段的质量和能耗管理

BIM 技术可以通过先前装在构件里的 RFID 芯片，监测建筑物使用的能耗并进行分析，运维管理人员可以从分析的结果中找出并解决高能耗的地方，从而达到管理装配式建筑绿色运维的目的。

**2.BIM 技术在装配式项目运用中的问题**

（1）软件间的数据格式差异

在实际运用中，BIM 软件间数据传送的问题一直都存在，信息数据的丢失与数据格式之间的断壑直接导致了设计人员的成本与返工率上升，降低了工作效率。例如，Revit 与 PKPM 间的数据转换就必须由中间格式间接进行，不只 BIM 软件，这样的现象在许多其他建模软件中都存在。

（2）设计人员对 BIM 技术掌握不够

由于设计人员对 BIM 技术的理解不够深刻，对软件使用不熟练，或是仍旧没有脱离传统设计流程的刻板思维，导致工作中容易出现操作不熟练、流程某一环节缺失等问题，这在装配式项目中影响很大，族类别、命名混乱、信息输入有误等都会影响整个流程的进行，导致返工，降低工作效率。

（3）国内 BIM 软件不够齐全

国内的 BIM 相关软件开发尚处于起步阶段，仅广联达、鲁班等少数软件在可持续分析、机电分析、结构分析、深化设计及造价管理方面有自主研发。总体来说，BIM 软件的本土化程度不高。

（4）对于 BIM 的运用不够全面

目前在国内，设计人员对于 BIM 软件的应用大多还停留在建模阶段，在装配式项目中这种缺陷体现得更为明显，BIM 软件的信息化管理、施工模拟与后期运维应起到更为关键的作用，但在实际运用中，由于种种原因，设计人员对于 BIM 的建筑信息管理软件使用并不多，导致效率提升不够明显，自动化程度也没有得到更好的体现。

（5）国家 BIM 标准不够完备

由于 BIM 软件都是由国外研发的，使用的都是国外的标准规范，这就导致了其在我国有些"水土不服"，BIM 技术的标准包括数据传递的格式、规范、标准、交付内容等，如果没有统一的国家标准，很难真正体现 BIM 的价值。但随着近年来 BIM 在国内的推广，我国的相关部门也开始逐渐对 BIM 标准的制定加以重视。

### 3. 问题成因

（1）国内的建筑工业化思想与 BIM 技术应用存在普及程度低的情况

到目前为止，我国的在建建筑中，装配式建筑占全部的比例只徘徊在 3%~5%。最近的一次全国普查的数据显示，建筑设计从业人员中了解 BIM 技术的只有 68%，余下的相当可观数量的设计行业人员对 BIM 技术几乎没有任何接触和了解，而只有 4% 的设计人员真正使用过或正在使用 BIM 技术参与工作流程。建筑工业化思想与 BIM 技术在我国应用的普及程度仍然不容乐观。通过以上的数据我们可以看出，虽然新型建筑工业化生产模式在多方面有着明显优势，但是对于我国来说，这种生产模式的推广仍然要求我们有相当漫长的距离要走。

（2）我国对 BIM 技术的研发资金支持不够到位

从总体上说，BIM 技术的概念对于我国的建筑行业普遍来说还是比较新的概念，各方面系统建立都不够完善，包括研究机构的研发强度都没有跟上。目前，科研机构里有以中国建筑科学研究院等为首的综合研发机构，也有同济大学、华中科技大学这样的高校研究机构，一些公司也在 BIM 技术的研发方面有了很多杰出的成果。在这些科研机构和企业的不断投入和努力中，我国的建筑行业在向着引入 BIM 技术的进程走出了坚实的一大步。但根据目前的行业状况分析，这些只是万里长征第一步，虽然有了一定的发展，但是 BIM 技术的研究发展乃至以后的应用还是没有得到足够的动力，很大程度上的原因是政府的重视程度不够，对于科研机构、高校及企业在研发经费上甚至优惠政策上都没有得到很好的支持，没有起到对 BIM 技术研发的促进和鼓励作用。

（3）企业内部缺乏强烈的外部革新动机

由于 BIM 技术的应用对于前期研发的投入要求较大，在整个行业内 BIM 技术都处在普及程度较低的情况下，第一批变革的企业会获得最多收益，当然对应的投入也会很多。对于大多数企业来说，其中中小企业最甚，将 BIM 技术应用于建筑生产的决策很有可能把企业置于很大的革新风险之中。如若更进一步将 BIM 技术运用于建筑工业化，这些中小型企业甚至会面临更大的转型风险。所以，革新资金成本的门槛太高，产出利益回报的前途不明显所产生的巨大风险成为企业迈向新型建筑工业化生产模式改革的绊脚石。BIM 技术有一个很大的特点，它会参与一个建筑的一整个生命周期，所以这样的时间跨度和专业跨度决定了整个建筑寿命当中各个方面的利益相关者都应该与其产生紧密联系，仅有单一单位或者在单一技术环节参与 BIM 应用并不能最好地实现 BIM 技术系统化规范化作业的初衷。在有些需要配合的情况下，若干个单位，如设计方与实施方分别采用新旧技术，这时候各种信息得不到精确高效的衔接，就会诱导出技术方面失误。所以基于上述两个原因，对于绝大多数中小型企业甚至大型企业来说，他们对迈出 BIM 技术真正应用于生产的一步还是有很多顾虑，并不愿意因为改革技术而放弃成熟的生产体系。

（4）基于 BIM 技术的建筑工业化标准十分匮乏

一个完善的建筑工业化标准体系是建筑工业化生产模式发展的基石。目前我国发布了工业化建筑的标准化参数，但是缺少的是一个要求强制该参数标准实行的对应规定。同时，行业内的建筑工业化标准统一情况也参差不齐。假设在现在的市场环境下建筑行业普及了 BIM 技术，带来的结果是建筑行业对于建筑工业化标准会产生极大的依赖，预制组件之间的接口集成对预制组件尤其是装配式混凝土结构的统一标准有了更高的要求。在 BIM 技术的建筑工业化标准缺乏的情况下，整个预制组件生产行业就无法实现协调与统一，也不能对预制组件的规范生产与市场秩序提供有效监督。

在我国，在行业内 BIM 技术运用中各个环节严重匮乏相关法律法规制约的环境下，BIM 技术的普及和应用受到了很大阻碍。相比于传统的建设生产模式，新型建筑工业化生产模式对于项目中各个参与方的职能、责任以及流程都做出了新的要求，从而增加了学习成本，进而导致磨合问题的出现，甚至于最终产生责任纠纷和利益争端。目前，我国缺乏的是面向工程项目提供规范的合同范本，同时没有对应的法律法规进行规范。除此之外，在相应技术软件方面，政府对于软件生产方知识产权的保护力度不够大，对于盗版软件的打击力度不够强，导致了正版软件市场被侵蚀。同时因为行业不够成熟，同行业企业之间互相监督没有达到一定的效果，也没有形成完善有效的行业监管体系，这导致了相关软件企业的发展迟滞，产品竞争力不够理想。

# 第三节　BIM 技术的发展方向

BIM 技术在我国建筑施工行业的应用已逐渐步入注重应用价值的深度应用阶段，并呈现出 BIM 技术与项目管理、云计算、大数据等先进信息技术集成应用的"BIM+"特点，正在向多阶段、集成化、多角度、协同化、普及化应用五大方向发展。

方向之一：多阶段应用，从聚焦设计阶段应用向施工阶段深化应用延伸。

一直以来，BIM 技术在设计阶段的应用成熟度高于施工阶段，且应用时间较长。近几年，BIM 技术在施工阶段的应用价值日益凸显，发展速度也非常快。调查显示，从设计阶段向施工阶段延伸是 BIM 发展的特点，有四成以上的用户认为施工阶段是 BIM 技术应用最具价值的阶段。由于施工阶段要求工作高效协同和信息准确传递，而且在信息共享和信息管理、项目管理能力以及操作工艺的技术能力等方面要求都比较高，因此 BIM 应用有逐步向施工阶段深化应用延伸的趋势。

方向之二：集成化应用，从单业务应用向多业务集成应用转变。

目前，很多项目通过使用单独的 BIM 软件来解决单点业务问题，即以 BIM 的局部应用为主。而集成应用模式可根据业务需要通过软件接口或数据标准集成不同模型，综合使用不同软件和硬件，以发挥更大的价值。例如，基于 BIM 的工程量计算软件形成的算量模型与钢筋翻样软件集成应用，可支持后续的钢筋下料工作。调查显示，BIM 发展将从基于单一 BIM 软件的独立业务应用向多业务集成应用发展。基于 BIM 的多业务集成应用主要包括以下方面：不同业务或不同专业模型的集成、支持不同业务工作的 BIM 软件的集成应用、与其他业务或新技术的集成应用。例如，随着建筑工业化的发展，很多建筑构件的生产需要在工厂完成，如果采用 BIM 技术进行设计，则可以将设计阶段的 BIM 数据直接传送到工厂，通过数控机床对构件进行数字化加工，可以大大提高那些具有复杂几何造型的建筑构件的生产效率。

方向之三：多角度应用，从单纯技术应用向与项目管理集成应用转变。

BIM 技术可有效解决项目管理中生产协同、数据协同的难题，目前正在深入应用于项目管理的各个方面，包括成本管理、进度管理、质量管理等，与项目管理集成将是 BIM 应用的一个趋势。BIM 技术可为项目管理过程提供有效集成数据的手段以及更为及时准确的业务数据，从而提高管理单元之间的数据协同和共享效率。BIM 技术可为项目管理提供一致的模型，模型集成了不同业务的数据，且采用可视化方式动态获取各方所需的数据，确保数据能够及时、准确地在参建各方之间得到共享和协同应用。此外，BIM 技术与项目管理集成需要信息化平台系统的支持。需要建立统一的项目管理集成信息平台，与 BIM 平台通过标准接口和数据标准进行数据传递，及时获取 BIM 技术提供的业务数据；支持各参建方之间的信息传递与数据共享；支持对海量数据的获取、归纳与分析，协助项目管理决策；支持各参建方沟通、决策、审批、项目跟踪、通信等。

　　方向之四：协同化应用，从单机应用向基于网络的多方协同应用转变。

　　物联网、移动应用等新的客户端技术迅速发展普及，依托于云计算、大数据等服务端技术实现了真正协同，满足了工程现场数据和信息的实时采集、高效分析、及时发布和随时获取，形成了"云＋端"的应用模式。这种基于网络的多方协同应用方式可与BIM技术集成应用，形成优势互补。一方面，BIM技术提供了协同的介质，基于统一的模型工作，降低了各方沟通协同的成本；另一方面，"云＋端"的应用模式可更好地支持基于BIM模型的现场数据信息采集、模型高效存储分析、信息及时获取与沟通传递等，为工程现场基于BIM技术的协同提供新的技术手段。因此，从单机应用向"云＋端"的协同应用转变将是BIM应用的一个趋势。云计算可为BIM技术应用提供高效率、低成本的信息化基础架构，两者的集成应用可支持施工现场不同参与者之间的协同和共享，对施工现场的管理过程实施监控，将为施工现场管理和协同带来革命。

　　方向之五：普及化应用，从标志性项目应用向一般项目应用延伸。

　　随着企业对BIM技术认识的不断深入，BIM技术的很多相关软件逐渐成熟，BIM技术的应用范围不断扩大，从最初应用于一些大规模、标志性的项目，发展到近两年来开始应用于一些中小型项目，而且基础设施领域也开始积极推广BIM应用。一方面，各级地方政府积极推广BIM技术应用，要求政府投资项目必须使用BIM技术，这无疑促进了BIM技术在基础设施领域的应用推广；另一方面，基础设施项目往往工程量庞大、施工内容多、施工技术难度大、施工地点周围环境复杂、施工安全风险较高，传统的管理方法已不能满足实际施工需要，BIM技术可通过施工模拟、管线综合等技术解决这些问题，使施工准确率和效率大大提高。例如，在城市地下空间开发工程项目中应用BIM技术，在施工前就可以充分模拟，论证项目与城市整体规划的协调程度，以及施工过程中可能产生的对周围环境的影响，从而制定更好的施工方案。

# 第四章　BIM 应用的实施步骤

## 第一节　建筑工程管理 BIM 需求分析

BIM 技术将收集到的工程各环节信息输入计算机，利用计算机技术或软件建立虚拟建筑模型，在虚拟建筑模型上完成诸如策划、施工、运行、维护等建筑全周期的仿真性应用。BIM 的使用目标是帮助设计、施工和技术人员了解和掌握建筑项目各环节的信息特点，以优化设计方案、提高施工效率、降低作业成本、缩短建筑工期、提高工程利润，使建筑工程在有效控制成本的前提下实现经济效益和社会效益的最大化。

BIM 概念最早出现于 1975 年，其理论形成的背景环境是 1973 年爆发的全球石油危机，当时全美社会各行业深刻感受到提高生产效率的紧迫性。1975 年佐治亚大学柴可·伊斯门教授提出了 BIM 理论，旨在通过建筑工程的量化及可视化分析，实现降低成本与提高效率的目标。BIM 最大的优势之一就是利用计算机实现了建筑工程的可视化操作。传统建筑行业在设计阶段可视的只有二维化的图纸，成品未制作完成前，技术人员只能凭借图纸上纵横的线条在头脑中想象三维的构件。传统建筑相对简单的部件或许可以仅仅依赖人脑想象，但现代化建筑错综复杂的设计仅凭人脑已经很难实现由二维转换为三维，而 BIM 技术帮助人类实现了这一需求。BIM 技术实现的立体效果图与传统制作效果图的差异在于：传统效果图的制作通常交由专业的制图单位制作，尽管其也能做出三维图形，但并非是由二维的图纸信息自动生成的三维图形，构件之间相对独立，不能反映构件之间的关联性。而 BIM 则通过集成二维图纸上的信息自动生成三维模型，构件之间的关联性自动呈现，任何信息的变化影响到相邻构件的情况一目了然。不仅如此，在 BIM 应用过程中，工程全程均为可视化操作，无论设计、施工、运营、维护任一环节有变动、交流、设想或决策均可以可视化立体呈现。

每个项目都有五种典型的利益相关者，分别是项目发起人、项目客户、项目经理、项目团队、项目相关职能部门的负责人，他们应该对项目承担责任。所以，在应用 BIM 技术进行项目管理时，需明确自身在管理过程中的需求，并结合 BIM 本身的特点来确定项目管理的服务目标。这些 BIM 目标必须是具体的、可衡量的，并且能够促进建设项目的规划、设计、施工和运营成功。

理论而言，BIM 技术有很大的市场需求，培养应用型专业人才十分必要，如信息应用工程师、模型生产工程师、专业分析工程师、项目经理、总监。但是，受到技术与人员的局限，国内目前能够培养的 BIM 应用型专业人才只限于模型生产工程师一类。制约国内 BIM 专业人才培养的客观因素有二：标准和软件；主观因素则是人才匮乏。当前制约国内 BIM 人才培养最大瓶颈问题就是师资力量的匮乏。作为培养 BIM 人才的教师队伍而言，除了应具备理论教学知识以外，还应具备熟练的 BIM 实际操作能力。然而，国内高职院校中不缺乏熟悉 BIM 理论知识的教师，也不缺乏兼具建筑工程理论与实际操作能力的工程师，唯一不足的是缺乏既有 BIM 理论又有 BIM 实际应用能力的"BIM 理论＋实际操作"型的师资力量。因此，整体上我国的 BIM 教学与人才培养还处于摸索和研究阶段。

BIM 专业人才应当具备的能力首先是熟练的理论基础知识，通过课堂教学掌握运用 BIM 技术将建筑二维信息转化为三维模型的理论知识。其次，运用掌握的 BIM 理论知识进行虚拟的建筑项目策划、设计、施工、运营、维护，进一步熟悉 BIM 在建筑工程项目中的运用。最后，进入实训基地或企业开展现场操作，利用 BIM 工具结合实际工程项目开展设计、施工、质检、竣工等实际操作，通过现场工作积累工作经验并反馈理论学习，加强理论联系实际的学习效果并提高实际工作能力。

"校企合作"＋"工学结合"解决 BIM 技术人员的需求。针对当前国内高职院校 BIM 人才培养的实际情况，解决 BIM 技术人员需求的措施应有两点：第一，提高教师队伍整体水平；第二，加强学生理论联系实际的教育培养。"校企合作"＋"工学结合"可以作为实现以上两个目标的有效策略。

校企结合，指高职院校的专业 BIM 教师联合 BIM 专业咨询公司共同开展

BIM 人才的培养工作。以广州番禺职业技术学院为例，2011 年，该校与互联立方技术公司合作开创了校内实训基地，学校提供场地，设备和软件则由合作双方共同承担，企业和学校以互聘制为基地提供工作人员，共同开展人才培养工作，学校的专业教师与 BIM 专业工程师共同参与实训基地的管理。实训基地建立后，教师与学生分别与北京建筑设计院、中南建筑设计院等知名企业的 BIM 设计专家进行了全方位的合作与交流，获得了理论和实际工作中的大量宝贵经验。至第六学期，学生得到了顶岗实习机会，基地提供了结构设计、建筑设计、模型制作、设备设计等项目的实习内容。在学校教师的指导下，学生实现了与实际工作的"零距离"接触，大大提高了职业技能与水平，教师队伍整体的教学水平也在学生实习过程中得到了有效磨练和提高。

工学结合，这种人才培养模式特别适合 BIM 这类应用型专业学科的教育教学。以广东工程职业技术学院为例，自 2012 年开始，该校开启了"订单"式人才培养机制，与当地众多 BIM 专业公司和建筑工程公司开展合作，为企业定向培养 BIM 建模人才。学校首先从校内建筑专业中挑选出全专业范围的学生，第一学期只学习学校原先设置的建筑工程基础知识课程。从第二学期开始，在学习学校基础知识课程外，学生开始额外增学 BIM 建模课程，这是学校和委培企业联合设置的四门专业课程之一。至第四学期，学生开始增学其他三门专业课程——施工组织实训、施工技术实训、计价与计量实训。额外增学的四门专业课程旨在培养学生从二维向三维转化建模的理论知识和实际操作能力。四门额外增学的课程学成后，学生于第三学期进入"广东工程 BIM 应用技术研发中心"，这是学校与企业共同创建的实训基地。学生进入实训基地开始接触真实的建筑项目，在此期间，院方专业教师、公司企管、BIM 专工对学生开展"滚动"式教育——学生先在实训基地进行一星期的建模操作，之后到项目施工现场观察并监控建模的具体施工。由于学生独立完成从二维向三维转换建模的操作极为困难，这时候企业的 BIM 专工会对学生进行辅助性修正，之后学生返回实训基地针对发现的问题及时弥补，完成后再返回施工现场观察并监控，以此类推。

通过反复进行以上步骤的滚动式培训，该院"订单"式 BIM 人才培训的学生均成为熟练的 BIM 建模工程师，相关企业对这些学生极为青睐，学生一毕业即可进入当地知名 BIM 专业公司或建筑工程公司，可谓供不应求。BIM

技术在中国建筑工程领域属于引进不久的新鲜事物，无论标准或软件均未实现自给自足，目前还处于刚刚起步的初始阶段。高职院校开展建筑工程专业的 BIM 培训既面临师资不足的困境，又难以为学生提供优质的实际操作机会。鉴于此，各地高职院校可以参考广州有关高职院校的做法，以"校企合作"+"工学结合"的模式同时解决师资与学生培训的两难问题，在尽快提高教师队伍整体素质的同时让学生有机会体验 BIM 的实际操作，不失为一种两全的办法。

# 第二节　BIM 实施计划的研究

作为建筑行业系统性的创新，BIM 的应用已远远超越技术范畴。研究表明，在建设项目全生命周期内，应用涉及建设项目的规划、建筑、结构、设备、施工技术、造价及项目管理等专业领域，应用的参与方则包括业主、设计、施工、监理、咨询机构等。恰当地实施，可降低建设项目的成本，有效缩短建设项目的施工周期，也能提高建设项目的质量与可持续性，应用通过为建设项目决策提供信息支撑而实现上述价值。

## 1. 实施策划

在实施过程中，应用的输入、输出信息随建设项目的进展而逐渐完善、准确，实施是一个渐进明晰的过程。对于初次应用的团队，有效应用的基础是在项目启动前进行系统而细致的实施策划。对于建设项目，也有必要将实施策划看作建设项目整体策划的一部分，分析引导应用对项目目标、组织、流程的影响，并将实施所需的支持落实到建设项目的整体策划中。

实施策划对建设项目的主要作用体现为团队清晰地理解在建设项目中应用的战略目标，明确每个成员在项目中的角色和责任，通过对项目成员在项目中业务实践的分析，设计出实施流程规划，引导实施所需的附加资源、培训等因素。作为成功实施的保障，提供一个用于后续参与者的行为基准，为测度项目过程和目标提供基准线。对整个项目团队而言，将减少执行中的未知成分，进而减少项目的全程风险而获得收益。作为提升企业发展能力与市场竞争能力的抓手，其是建筑企业发展战略中一项重要内容。企业应用能力的提升需经历项目实践的历练，期间实施策划对企业的作用将通过以下三个方面体现出来。

第一，通过建设项目实施策划、实施与后评价的参与，培养与锻炼企业的人才。

第二，基于应用在不同建设项目中存在的相似性，借鉴已有项目来策划新项目，有事半功倍的效果。

第三，通过对比新老建设项目的不同之处，也有助于改进新项目的实施策划。试点性的项目级实施策划，是制订企业级应用及发展策划的基础资料。

BIM实施策划框架由美国宾夕法尼亚州立大学计算机集成设施研究组发布的《项目实施策划指南》给出了一个结构化的实施策划框架，该框架包括以下四个步骤。

一是定义实施所要实现的价值，并为项目团队成员定义完整的目标。

二是设计实施的流程，从总体视角与局部视角分别描述实施流程。

三是定义模型信息的互用要求。

四是定义支持引导实施所需的基础资源。

这四个步骤是从目标定义到实施保障措施设计依次递进的关系。

根据现状，BIM实施规划除了明确具体应用目标外，还应定义工作范围及各节点的具体要求，确定组织实施模式、工作界面，明确各相关方职责，确定建模技术规格、成果交付形式等具体内容。概括而言，BIM实施规划主要包括应用目标、技术规格、组织计划和保障措施四个方面。

（1）BIM应用目标是指通过运用BIM技术为项目带来预期效益，一般分为总体目标和阶段性目标。

BIM总体目标是指项目从建设初期到建成运营等整个项目周期内所要达到的预期目标，如降低成本、提高项目质量、缩短工期、提升效率和经济效益等，或者面向全生命周期的集成管理。

阶段性目标是指项目在策划、设计、施工、运营等不同时期预期实现的具体功能性目标，如在前期策划阶段，实现快速建模，方案效果可视化展示、调整及审核。在设计阶段，可进行协同设计、环境分析、碰撞检测等，减少因设计缺陷而可能出现的问题。在施工阶段，可进行深化施工设计、虚拟施工等。在运营阶段，实现设备自动检查、维修更换提醒、协同维护，利于运营战略规划、空间管理和项目改造决策等。业主应根据工程项目特点、复杂程度和工作难点，合理确定总体目标，以及实施 BIM 所预期实现的具体功能目标。

（2）BIM 技术规格是指为实施应用 BIM 而应具备的技术层面的具体条件，主要包括模型详细程度、软硬件选型等。

模型范围与详细程度（LOD level of detail）。不同项目阶段所建模型各不相同，在应用上有性能分析、算量造价、施工模拟、性能测试、碰撞检测等。为了避免模型应用功能的缺失，确保模型成果成功交付使用，应对 BIM 模型的详细程度划分等级。美国建筑师学会（AIA，American Institute of Architects）就此制定了 BIM 模型的详细等级（精细程度标准）。

软硬件选型。BIM 相关的软件大体可分为建模软件、专业分析软件和需要二次开发的软件三种类型。目前市场上可供选择的 BIM 软件品系众多，各具特色。例如 Autodesk( Revit、Navis Works )、Archi CAD、Bentley 系列等，需要根据项目的具体情况，选择合适的 BIM 工具。在软、硬件的选择上，应采用实用性原则，兼顾功能性和经济性要求，尽可能快捷、可靠地部署和使用，将实施、培训成本降到最低。

（3）BIM 组织计划。

1）组织形式。根据 BIM 实施目标和业主自身特点，明确 BIM 实施模式，如是否聘用 BIM 咨询单位，确定设计、施工、运营、监理等相关各方责任、工作要求。

2）工作界面。BIM 工作界面需要开发两个层次的界面流程。

第一层为总体界面，主要包括各参与方之间、不同项目阶段之间的工作接口与流程。

第二层为详细流程，说明每一个特定的 BIM 应用的详细工作顺序，包括每个过程的责任方、参考信息的内容和每一个过程中创建和共享的信息交换要求。

3）BIM 实施合同。根据业主选定的组织实施模式，通过合同方式确定软硬件采购方式、人员职责、工作范围、模型详细程度、交付时间、文件格式要求、模型的维护等实施 BIM 的关键环节。在合同签订时，还应注意以下几个重要方面：充分考虑软硬件升级换代的可能性、确定软件二次开发的责权、明确模型产品的知识产权等。

（4）BIM实施保障措施沟通渠道。BIM实施团队的沟通方式有网络沟通渠道和现场会议沟通渠道。网络沟通渠道是指通过电子网络、移动信息交流等方式建立沟通通道，来创建、上传、发送和存储项目有关文件，同时必须解决文档管理中的文件夹结构、格式、权限、命名规则等问题。现场会议沟通渠道是指通过现场会议、座谈的方式进行交流。为了保证项目每个阶段的模型质量，必须定义和执行模型质量控制程序。在项目进展过程中建立起来的每一个模型，都必须预先计划好模型内容、详细程度、格式、负责更新的责任方以及对所有参与方的发布等。

### 2. 实施目标

一般情况下，实施的目标包括以下两大类。

（1）与建设项目相关的目标。包括缩短项目施工周期、提高施工生产率和质量、降低因各种变更而造成的成本损失、获得重要的设施运行数据等。例如，基于模型强化设计阶段的限额设计控制力度，提升设计阶段的造价控制能力就是一个具体的项目目标。

（2）与企业发展相关的目标。在最早实施的项目上以这类目标为主是可以接受的。例如，业主也许希望将当前的项目作为一个实验项目，试验在设计、施工和运行之间信息交换的效果，或者某设计团队希望探索并积累数字化设计的经验。

定义实施目标、选择合适的应用，是实施策划制定过程中最重要的工作，目标的定义必须具体、可衡量。一旦定义了可测量的目标，与之对应的潜在应用就可以识别出来。目标优先级的设定将使得后面的策划工作具有灵活性。根据清晰的目标描述，进一步的工作是对应用进行评估与筛选，以确定每个潜在应用是否可以付诸实施。为每个潜在应用设定责任方与参与方，评估每个应用参与方的实施能力，包括其资源配置、团队成员的知识水平、工程经验等，评估每个应用对项目各主要参与方的价值和风险水平。综合上述因素，通过讨论，对潜在应用逐一确定。

本工作的目的是为实施提供控制性流程，确定每个流程之间的信息交换模块，并为后续策划工作提供依据。实施流程包括总体流程和详细流程，总体流程描述整个项目中所有应用之间的顺序以及相应的信息输出情况，详细流程则进一步安排每个 BIM 应用中的活动顺序、定义输入与输出的信息模块。在编制总体流程图时应考虑以下三项内容：根据建设项目的发展阶段安排应用的顺序、定义每个应用的责任方、确定每个应用的信息交换模块。

企业在应用 BIM 技术进行项目管理时，需明确自身在管理过程中的目标，并结合 BIM 本身特点确定 BIM 辅助项目管理的服务目标，比如提升项目的品质（声、光、热、湿等）、降低项目成本（必须具体化）、节省运行能耗（必须具体化）、系统环保运行等。

为完成 BIM 应用目标，各企业应紧随建筑行业技术发展的步伐，结合自身在建筑领域的优势，确立 BIM 技术应用的战略思想。比如，某施工单位制定了"提升建筑整体建造水平、实现建筑全生命周期精细化动态管理"的 BIM 应用目标，据此确立了"以 BIM 技术解决技术问题为先导、通过 BIM 技术严格管控施工流程，全面提升精细化管理"的 BIM 技术应用思路。

### 3. 组织机构

在项目建设过程中需要有效地将各种专业人才的技术和经验进行整合，将他们各自的优势、长处、经验得到充分的发挥，以满足项目管理的需要，提高管理工作的成效。为更好地完成项目 BIM 应用目标，响应企业 BIM 应用战略思想，需要结合企业现状及应用需求，先组建能够应用 BIM 技术为项目提高工作质量和效率的项目级 BIM 团队，进而建立企业级 BIM 技术中心，以负责 BIM 知识管理、标准与模板、构件库的开发与维护、技术支持、数据存档管理、项目协调、质量控制等。

### 4. 进度计划（以施工为例）

为了充分配合工程，实际应用将根据工程施工进度设计 BIM 应用方案。主要节点为：投标阶段初步完成基础模型建立、厂区模拟、应用规划、管理规划；中标进场前初步制定本项目 BIM 实施导则、交底方案，完成项目 BIM 标准大纲；人员进场前针对性地进行 BIM 技能培训，实现各专业管理人员掌握 BIM 技能；确保各施工节点前一个月完成专项 BIM 模型，并初步完成方案会审；各专业分包投标前 1 个月完成分包所负责部分的模型工作，用于工程量分析，招标准备；各专项工作结束后一个月完成竣工模型以及相应信息的三维交付；工程整体竣工后针对物业进行三维数据交付。

## 5. 资源配置

（1）软件配置计划

BIM 工作覆盖面大、应用点多，因此任何单一的软件工具都无法全面支持。需要根据实施经验，拟定采用合适的软件作为项目的主要模型工具，并自主开发或购买成熟的 BIM 协同平台作为管理依托。

（2）硬件配置计划

BIM 模型带有庞大的信息数据，因此，在 BIM 实施的硬件配置上也要有着严格的要求。结合项目需求及成本，根据不同的使用用途和方向，对硬件配置进行分级设置，最大程度保证硬件设备在 BIM 实施过程中的正常运转，最大限度地有效控制成本。

## 6. 实施标准

BIM 是一种新兴技术，贯穿在项目的各个阶段与层面。在项目 BIM 实施前期，应制定相应的 BIM 实施标准，对 BIM 模型的建立及应用进行规划，实施标准主要内容包括：明确 BIM 建模专业、明确各专业部门负责人、明确 BIM 团队任务分配、明确 BIM 团队工作计划、制定 BIM 模型建立标准等。

现有的 BIM 标准有美国 NBIMS 标准、新加坡 BIM 指南、英国 Autodesk BIM 设计标准、中国 CBIMS 标准以及各类地方 BIM 标准等。

由于每个施工项目的复杂程度不同、施工办法不同、企业管理模式不同，因此仅仅依照单一的标准难以使 BIM 实施过程中的模型精度、信息传递接口、附带信息参数等内容保持一致，企业有必要在项目开始阶段建立针对性强目标明确的企业级乃至于项目级的 BIM 实施办法与标准，全面指导项目 BIM 工作的开展，如北京建团有限责任公司发布的 BIM 实施标准（企业级）和长沙世贸广场工程项目标准（项目级）。

## 7. 实施评价

根据 BIM 实施规划实施项目，业主应及时检查工作进展、评估实施效果，科学合理地对已完成工作进行评估、对正在实施的应用进行定期评价，总结建设项目各个阶段 BIM 实施的经验教训，为决策者提供反馈信息，修正目标及执行计划。

BIM 实施评价是建设项目 BIM 应用的重要步骤和手段，是项目管理周期中一个不可缺少的重要阶段，对实现 BIM 目标具有重要作用。根据上海中心大厦、武汉新城国际博览中心等大型项目的具体应用实例，以及中国建筑业协会工程建设质量管理分会等机构所进行的调研分析，目前国内业主驱动的 BIM 组织实施模式大略可归纳为三类：设计主导模式、咨询辅助模式和业主自主模式。

设计主导模式是由业主委托一家设计单位，将拟建项目所需的 BIM 应用要求及模型的详细等级等以 BIM 合同的方式进行约定，由设计单位建立 BIM 模型，并在项目实施过程中，提供 BIM 技术指导及模型信息数据的更新与维护，以设计单位为主导，同施工、设备安装等各方进行沟通协调，最终保证 BIM 技术应用于该拟建项目。此模式侧重于设计阶段的协同，可为集成化实施提供可能性。但业主方在工程实际实施过程中对质量、安全等因素的控制力度较弱，后期运营成本较高，BIM 模型的信息丰富度不高，且具有一定的风险性。

咨询辅助模式。业主分别同设计单位、BIM 咨询公司签订合同，先由设计单位进行传统的二维图纸设计，根据二维图纸资料，BIM 咨询公司进行三维建模，并开展一系列的设计检测、碰撞检查，并将检测结果及时反馈并进行修改，以减少工程变更和工程事故。按照 BIM 合同约定，BIM 咨询公司还需对业主方后期项目运营管理提供必要的 BIM 技术培训和指导，以确保项目运营期效益最大化。此模式侧重于模型的应用，如模式施工、能效仿真等；而且有利于业主方择优选择设计单位，且可供选择的范围较大，招标竞争较激烈，有利于降低工程造价。缺点是业主方前期合同管理工作量大，各方关系复杂，不便于组织协调。

业主自主模式，是由业主方为主导，组建专门 BIM 团队，负责 BIM 的实施与应用。在此模式下，业主将直接参与 BIM 具体应用，根据应用需要随时调整 BIM 规划和信息内容。缺点是该模式对业主方 BIM 技术人员及软硬件设备要求较高，特别是对 BIM 团队人员的沟通协调能力、软件操作能力有较高的要求，前期团队组建困难较多、成本较高、应用实施难度大，对业主方的经济、技术实力具有较高的要求和考验。

通过对以上三种模式的分析，从项目全生命周期角度考虑，可以得出业主方拟采用的三种模式在各阶段应用难度（成本）的对比分析如下。

设计主导模式的 BIM 应用通常偏重于前期设计阶段，同时设计单位也有足够的经验将项目设计阶段应用成本降到最低，但随着项目生命周期的进行，到项目后期阶段，BIM模型详细等级（LOD）不能满足施工运营等阶段的需求，特别是运营期，成本呈大幅度上升趋势。

咨询辅助模式相对设计主导模式，具有更专业的BIM应用开发团队，对BIM后期应用有更丰富经验，能够一定程度地预见应用困难，但项目建成后需移交运营单位，可能存在信息失真和错误、操作人员技术水平低下等缺陷，不能充分发挥BIM预设效果，需开展必要的技术培训，导致成本有所增加。

而业主自主模式重点着眼于运营阶段，尽管前期组建BIM团队困难重重，成本较模式一、模式二都高很多，但随生命周期的进行，业主方积累了丰富的技术经验和模型信息数据，并将之运用到后期运营，大大降低运营成本，而且BIM模型专人负责，不需要移交，就能够充分发挥BIM的强大优势。

综上所述，从项目BIM应用实施的初始成本、协调难度、应用扩展性、运营支持程度和对业主要求5个角度来分别考察3种模式的特点，可以得出以下结论：

BIM技术正在深刻渗透和改变建筑行业信息及生产管理方式，BIM的最终价值是提供集成化的项目信息交互环境，提高协同工作效率。在工程项目参与各方中，业主处于主导地位。在BIM实施应用的过程中，业主是最大的受益者，因此业主实施BIM的能力和水平将直接影响到BIM实施的效果。当前BIM实施应用模式主要是由业主驱动的，业主应当根据项目目标和自身特点选择BIM实施模式，以保证实施效果，真正发挥BIM信息集成的作用，切实提高工程建设行业的管理水平。

### 8. 保障措施

在项目BIM实施过程中，需要采取一定的措施来保障项目顺利进行。建立系统运行保障体系成立总包BIM执行小组：成立BIM系统领导小组、职能部门设立BIM对口成员、成立总包分包联合团队等，建立系统运行工作计划、编制BIM数据提交计划，编制碰撞检测计划等。建立系统运行例会制度：总包BIM系统执行小组定期开会，制定下一步工作目标；BIM系统联合团队成员定期参加工程例会和设计协调会等建立系统运行检查机制，BIM系统联合团队成员定期汇报工作进展及面临困难；模型维护与应用机制分包及时更新和深化模型；按要求导出管线图、各专业平面图及相关表格；运用软件，优化工期计划指导施工实施；施工前，根据新模型进行碰撞检查直至零碰撞；施工引起的模型修改，在各方确认后 14 天内完成；集成和验证最终模型，提交业主等。

# 第三节　BIM 过程管理研究

## 一、概述

项目全过程管理是指工程项目管理企业按照合同约定，在工程项目决策阶段，为业主编制可行性研究报告，进行可行性分析和项目策划；在工程项目设计阶段，负责完成合同约定的工程设计（基础工程设计）等工作；在工程项目实施阶段，为业主提供招标代理、设计管理、采购管理、施工管理和试运行（竣工验收）等服务，代表业主对工程项目进行质量、安全、进度、费用、合同、信息等管理和控制。

科学地进行工程项目施工管理是一个项目取得成功的必要条件。对于一个工程建设项目而言，争取工程项目保质保量完成是施工项目管理的总体目标，具体而言，就是在限定的时间、资源（如资金、劳动力、设备材料）等条件下，以尽可能快的速度，尽可能低的费用（成本投资）圆满完成项目施工任务。

BIM 模型是项目各专业相关信息的集成，适用于从设计再到施工再到运营管理的全过程，贯穿工程项目的生命周期。

项目的实施、跟踪是一个控制过程，用于衡量项目是否向目标方向进展，监控偏离计划的偏差，在项目的范围、时间和成本三大限制因素之间进行平衡，采取纠正措施使进度与计划相匹配。此过程跨越项目生命周期的各个阶段，涉及项目管理的范围、时间、成本、质量、沟通和风险等各个知识领域。

在 BIM 模型中集成的数据包括任务的进度（实际开始时间、结束时间、工作量、产值、完成比例）、成本（各类资源实际使用、各类物资实际耗用、实际发生的各种费用）、资金使用（投资资金实际到位、资金支付）、物资采购、资源增加等内容。根据采集到的各期数据，可以随时计算进度、成本、资金、物资、资源等各个要素的本期、本年和累计发生数据，与计划数据进行比较，预测项目将提前还是延期完成，是低于还是超过预算完成。

如果项目进展良好，就不需要采取纠正措施，在下一个阶段对进展情况再做分析；如果认为需要采取纠正措施，就必须由项目经理、总包、分包及监理等召开联席会议，做出如何修订进度计划或预算的决定，同时更新至BIM模型，以确保BIM模型中的数据是最新的、有效的。

## 二、BIM与工程管理业务系统的集成

基于BIM的建筑构件模型能够和体量、材料、进度、成本、质量、安全等信息进行关联、查看、编辑和扩展，使得在一个界面下展现同一工程的不同业务信息成为可能。另外，IFC等统一标准解决了不同业务系统之间的信息交互问题，使得不同厂商开发的产品之间能够进行信息传递，解决了传统集成技术无法跨越的信息开放性的鸿沟，同时也使得各个厂商所开发的专业业务系统的数据能够集成到一个BIM模型中，真正实现信息在各个主体、各个阶段以及各个业务系统中的共享与传递。

除此之外，由于BIM模型是一种基于3D实体的建模技术，使得BIM能够与RFID（Radio Frequency Identification，无线射频识别）、AR（Augmented Reality，增强现实）等技术集成。例如，利用RFID技术可把建筑物及空间内的各个物体贴上标签，实现对物体的管理，追踪其所在的位置及状态信息。一旦其状态信息发生变更，则自动更新BIM模型中相应的构件或实体。可以说RFID技术解决了BIM应用过程中的信息采集问题，也使得BIM模型中的信息更加准确和丰富。因此，应用BIM技术来集成工程管理各业务系统不仅能够将所有的信息集中在一个模型里面，同时还能使其通过RFID技术获取工程现场的信息，从而解决施工过程中信息的获取与更新的问题，而BIM所支持的IFC标准还能够使用户方便地从各个专业分析软件，如从Microsoft Project、SAP 2000等系统中，提取相关信息，形成一个集成化的管理平台，解决前文所提到的各个专业系统之间的信息断层问题。

基于BIM的工程管理业务系统的集成事实上是一个从3D模型到nD模型的扩展过程。以进度控制为例，将BIM的3D模型与进度计划之间建立关联，形成了基于BIM的4D模型。基于BIM的4D施工模拟以3D模型作为建设项目的信息载体，方便了建设项目各阶段、各专业以及相关人员之间的信息流通，提高了沟通效率。

此外，基于4D的进度控制能够将BIM模型和施工方案集成，在虚拟环境中对项目的重点或难点进行可建性模拟，如对场地、工序或安装等进行模拟，进而优化施工方案。通过模拟来实现虚拟的施工过程，在一个虚拟的施工过程中可以发现不同专业需要配合的地方，以便在真正施工时及早做出相应的布置，避免等待其余相关专业或承包商进行现场协调，提高了工作效率。

在施工管理中，几乎所有的业务系统又都与进度信息相关联。

### 1. 成本—进度

工程项目成本的定义为实施该工程项目所发生的所有直接费用和间接费用的总和。实际工程中，成本目标与进度目标密切相关，按照正常的作业进度，一般可使进度、成本和资源得到较好的结合。当由于某种原因不能按正常的作业进度进行时，进度与成本、资源的投入就可能相互影响。例如，某项作业工期延误，或因赶工期而需加班加点时，都会引起额外的支出，造成项目成本的提高。

### 2. 质量—进度

工程项目的质量管理用于检验项目完成后能否达到预先确定的技术要求和服务水平要求标准。工程质量管理同样与进度目标密切相关。例如，工程师对某项不符合质量要求的作业下令返工时，就可能影响项目的进度，从而对项目成本产生影响。

### 3. 安全—进度

工程的安全管理与进度管理之间也是息息相关的。工程项目所处的阶段不同，其可能产生的风险也不一样，安全控制的标准也不一样。例如，在深基坑开挖过程中，随着开挖的深度不断增加，其安全风险水平不断增大，但是等到底板施工完成后，其安全风险水平又会显著降低。

### 4. 合同—成本—进度

合同管理中，合同发生变更时往往也伴随着成本、进度、资源等多个业务要素的变更。综上所述，各个业务系统的集成是一个基于4D模型的集成过程。通过3D实体构件，将其对应的工程量信息与进度计划任务项进行对接，实现基于成本控制的5D系统。同样地，通过3D实体构件，还能够将其对应的质量控制单元与进度计划任务项进行对接，实现基于质量控制的 6D 系统。在此基础上，还可以赋予其安全风险信息，形成基于安全控制的 7D 系统。

在基于 BIM 的项目管理中，以 4D 模型为各业务系统集成的主线，不仅在理论上为建筑业的施工管理提出了新的集成管理思路，在实际工程中也证明了其合理性和可行性。近年来有学者提出的 nD 的概念，将是未来 BIM 技术发展的方向，在 nD 概念下，BIM 将对所有的业务系统进行有机整合与集成，从根本上解决传统项目管理中业务要素之间的"信息孤岛""应用孤岛""资源孤岛"问题。

## 三、BIM 与工程实施多主体协同

基于 BIM 的工程项目管理，以 BIM 模型为基础，为建筑全生命周期过程中各参与方、各专业合作搭建了协同工作平台，改变了传统的组织结构及各参与方的合作关系，为项目业主和各参与方提供项目信息共享、信息交换及协同工作的环境，从而实现了真正意义上的协同工作。与传统的"金字塔式"组织结构不同，基于 BIM 的工程项目管理要求，各参与方在设计阶段就全部介入工程项目，以此实现全生命周期各个参与方共同参与、协同工作的目标。

### 1.BIM 在施工中的作用与价值

（1）BIM 对施工阶段技术提升的价值。BIM 对施工阶段技术提升的价值主要体现在以下四个方面：

1）辅助施工深化设计或生成施工深化图。

2）利用 BIM 技术对施工工序的模拟和分析。

3）基于 BIM 模型的错漏碰缺检查。

4）基于 BIM 模型的实时沟通方式。

（2）BIM 对施工阶段管理和综合效益提升的价值。BIM 对施工阶段管理和综合效益提升的价值主要体现在以下两个方面：

1）可提高总包管理和分包协调工作效率。

2）可降低施工成本。

（3）BIM 对工程施工的价值和意义：

①支撑施工招投标的 BIM 应用。

A.3D 施工工况展示。

B. 4D 虚拟建造。

②支撑施工管理和工艺改进的单项功能 BIM 应用。

A. 设计图审查和深化设计。

B. 4D 虚拟建造，工程可建性模拟（样板对象）。

C. 基于 BIM 的可视化技术讨论和简单协同。

D. 施工方案论证、优化、展示以及技术交底。

E. 工程量自动计算。

F. 消除现场施工过程中的干扰或施工工艺冲突。

G. 施工场地科学布置和管理。

H. 有助于构配件预制生产、加工及安装。

③支撑项目、企业和行业管理集成与提升的综合 BIM 应用。

A. 4D 计划管理和进度监控。

B. 施工方案验证和优化。

C. 施工资源管理和协调。

D. 施工预算和成本核算。

E. 质量安全管理。

F. 绿色施工。

G. 总承包、分包管理协同工作平台。

H. 施工企业服务功能和质量的拓展、提升。

④支撑基于模型的工程档案数字化和项目运维的 BIM 应用。

A. 施工资料数字化管理。

B. 工程数字化交付、验收和竣工资料数字化归档。

C. 业主项目运维服务。

## 2.BIM 在运营维护阶段的作用与价值

BIM 参数模型可以为业主提供建设项目中所有系统的信息，在施工阶段作出的修改将全部同步更新到 BIM 参数模型中，形成最终的 BIM 竣工模型，该竣工模型作为各种设备管理的数据库为系统的维护提供依据。

BIM 可同步提供有关建筑的使用情况或性能、入住人员与容量、建筑已用时间以及建筑财务方面的信息；同时，BIM 可提供数字更新记录，并改善搬迁规划与管理。BIM还促进了标准建筑模型对商业场地条件（如零售业场地，这些场地需要在许多不同地点建造相似的建筑）的适应。有关建筑的物理信息（如完工情况、承租人或部门分配、家具和设备库存）和关于可出租面积、租赁收入或部门成本分配的重要财务数据都更加易于管理和使用。稳定访问这些类型的信息可以提高建筑运营过程中的收益与成本管理水平。

将BIM与维护管理计划相连接，实现建筑物业管理与楼宇设备的实时监控相集成的智能化和可视化管理，及时定位问题来源。结合运营阶段的环境影响和灾害破坏，针对结构损伤、材料劣化及灾害破坏，进行建筑结构安全性、耐久性分析与预测。

# 第四节 建筑工程完成后的评价与分析

## 1. 项目后评价的概念

项目后评价是指对已经完成的项目或规划的目的、执行过程、效益、作用和影响所进行的客观系统分析。通过对投资活动实践的检查总结，确定投资预期的目标是否达到，项目或规划是否合理有效，项目的主要效益指标是否实现，通过分析评价找出成败的原因，总结经验教训，并通过及时有效的信息反馈，为未来项目的决策和提高完善投资决策管理水平提出建议，同时也对被评项目实施运营中出现的问题提出改进建议，从而达到提高投资效益的目的。

## 2. 项目后评价理论体系

现实意义上的项目评价方法萌芽于20世纪初期，在20世纪30年代得到了初步发展。20世纪60年代之后，评价理论和方法体系日趋完善，成为一门较完整的工程经济学学科。1902年，美国颁布了《河港法》，以法律形式规定了河流与港口项目的评价方法。该法涉及了一些现代意义的项目评估基本原理。20世纪30年代的世界性经济大萧条使得西方各发达国家的经济形势发生了重大的变化。随着自由放任经济体系的崩溃，一些西方发达国家的政府实行新经济政策，兴办公共建设工程，于是出现了公共项目评价方法。可以说现代意义的项目评估基本原理产生于20世纪30年代。现代意义上的项目评估的体系方法产生于 20 世纪 60 年代末期，在 20 世纪 60 年代之后，一些西方发展经济学家致力于发展中国家项目评价理论研究，其研究成果受到发展中国家政府和经济学界的普遍好评。英国牛津大学教授李特尔和米尔利斯为建设项目评估学科做了大量的开创性工作，两位教授于 1968 年合作出版了《发展中国家工业项目分析手册》一书，第一次系统地阐述了项目评估的基本原理和基本方法；1972 年，达斯古帕塔等编著了《项目评价准则》；1975 年，世界银行经济专家思夸尔等编著了《项目经济分析》；1980 年，联合国工业发展组织和阿拉伯工业发展中心联合编著了《工业项目评价手册》一书。上述提及的这些经典著作为项目评估理论的发展及运用做了巨大的贡献，并对实际工作具有重要的指导意义。20 世纪 80 年代以后，项目评估工作越来越受到各国特别是广大发展中国家的重视，成为银行确定贷款与否的重要依据。应当指出，在项目评估理论和实践的发展过程中，世界银行做出了巨大贡献。世界银行规定，所有的贷款项目都要经过评估，评估的结论是确定贷款与否的主要依据。20 世纪 60 年代初期，项目管理被引入我国。为推动项目管理工作，中国科学院管理科学与科技政策研究所牵头成立了"中国统筹法、优选法与经济数学研究会"。近十多年来，项目管理在水利、化工、IT 等领域效果显著。吴之明、卢有杰编著的由清华大学出版社出版的《项目管理引论》一书，主要介绍了项目管理在中国的运用情况，并对项目管理的主要特点做了介绍。随着我国经济的持续、快速发展，国家建设部发布了国家标准《建设工程项目管理规范》，其目的就是为了进一步规划全国建设工程施工项目管理的基本做法，促进建设工程施工管理科学化、规范化和法治化，提高建设工程施工项目管理水平，与国际惯例接轨，以适应社会主义市场经济发展的需要。

我国项目评价研究总的来说起步较晚、发展很快但尚未达到规范化、系统化、制度化。在引进和使用西方国家建设项目的可行性研究与项目评价方法之后，结合我国国情，开展了广泛而深入的工作，并取得了可喜的进展，在实践中逐步形成新的基本建设程序。我国在历经了从承包指标的考评到财务评价的转变、从财务评价到经济效益评价和信息时代下的绩效评价三个阶段的评价历程后，为了适应世界经济形势的变化，更为了适应社会主义市场经济体制下政府职能转变的需要，1999 年 6 月，财政部、国家经贸委、人事部、国家纪委联合颁布了企业绩效评价体系，这标志着绩效评价制度在我国初步建立。

目前绩效评级的特点有以下三点。第一，以财务指标为核心指标。设计指标体系时，以财务指标为主体指标，以此推动企业提高经营管理水平，以最少的投入获取最大的产出，同时，从企业多方面进行深入对比分析，以有效地推动企业整体效益的提高。第二，采取多层次指标体系和多因素分析方法。指标体系有三个层次，由基本指标、修正指标和评议指标组成。其中，实行初步评价采用基本指标，采用修正指标对初步结论加以校正，实行基本评价，最后在基本评价的基础上，采用评议指标对基本结论做进一步补充校正，实行综合评价。三个层次的指标实现了多因素互补和逐级递进修正。运用这套指标体系，能够较好地解决以往评价指标单一、分析简单的缺陷，全面地考察影响企业经营和发展的各种因素，包括计量的和非计量的，做到评价结果客观、真实、全面。第三，以统一的评价标准做基准。评价体系以横向对比分析为基础，利用全国企业统计资料，采用数理统计方法，统一测算制定和颁布不同行业、不同规模企业的标准值，这在我国尚属首次。采用统一的评价标准值，便于企业在行业内和不同规模间的比较，真实反映企业的主观努力程度。企业可通过评价进行全国横向对比，确定自身在同行业、同区域、同规模中的水平和地位。定量分析和定性分析相结合。一般的绩效评价体系只有定量指标，而这套评价体系中设置了定性指标，分别考察对绩效有直接影响但又难以统一量化的各种非计量因素。采取定量分析与定性分析相结合，可以有效克服单纯定量分析的缺陷，使评价结果更加科学、准确。

### 3. 项目后评价的内容及意义

（1）项目后评价类型

根据评价时间不同，后评价又可以分为跟踪评价、实施效果评价和影响评价。

1）项目跟踪评价是指从项目开工以后到项目竣工验收之前任何一个时点所进行的评价，它又称为项目中间评价。

2）项目实施效果评价是指项目竣工一段时间之后所进行的评价，就是通常所称的项目后评价。

3）项目影响评价是指在项目后评价报告完成一定时间之后所进行的评价，又称为项目效益评价。

从决策的需求，后评价也可分为宏观决策型后评价和微观决策型后评价。

1）宏观决策型后评价指涉及国家、地区、行业发展战略的评价。

2）微观决策型后评价指仅为某个项目组织、管理机构积累经验而进行的评价。

（2）项目后评价流程

（3）项目后评价内容

每个项目的完成必然给企业带来三方面的成果：提升企业形象、增加企业收益、形成企业知识。

评价的内容可以分为目标评价、效益评价、影响评价、持续性评价、过程评价等几个方面，一般来说，包括如下任务和内容。

1）根据项目的进程，审核项目交付的成果是否到达项目准备和评估文件中所确定的目标，是否达到了规定要求。

2）确定项目实施各阶段实际完成的情况，并找出其中的变化。通过实际与预期的对比，分析项目成败的原因。

3）分析项目的经济效益。

4）顾客是否对最终成果满意。如果不满意，原因是什么。

5）项目是否识别了风险，是否针对风险采取了应对策略。

6）项目管理方法是否起到了作用。

7）本项目使用了哪些新技巧、新方法，有没有体验新项目后评价的流程软件或者新功能，价值如何。

8）改善项目管理流程还要做哪些工作，吸取哪些教训和建议，以供未来项目借鉴。

（4）项目后评价的意义

1）确定项目预期目标是否达到，主要效益指标是否实现；查找项目成败的原因，总结经验教训，及时有效反馈信息，提高未来新项目的管理水平。

2）为项目投入运营中出现的问题提出改进意见和建议，达到提高投资效益的目的。

3）后评价具有透明性和公开性，能客观、公平地评价项目活动成绩和失误的主客观原因，比较公正地、客观地确定项目决策者、管理者和建设者的工作业绩和存在的问题，从而进一步提高他们的责任心和工作水平。

# 第五章  BIM 项目管理平台建设

## 第一节  项目管理平台概述

BIM 项目管理平台是最近出现的一个概念，基于网络及数据库技术，将不同的 BIM 工具软件连接到一起，以满足用户对于协同工作的需求。

施工方项目管理的 BIM 实施，必须建立一个协同、共享平台，利用基于互联网通信技术与数据库存储技术的 BIM 平台系统，将 BIM 建模人员创建的模型用于各岗位、各条线的管理决策，按大后台、小前端的管理模式，将 BIM 价值最大化，而非变成相互独立的 BIM 孤岛。这也是施工项目、施工作业场地的不确定性等特征所决定的。

目前市场上能够提供企业级 BIM 平台产品的公司不多，国外以 Autodesk 公司的 Revit、Bendy 的 PW 为代表，但大多是文件级的服务器系统，还难以算得上是企业级的 BIM 平台。国内提到最多的是广联达和鲁班软件，其中，广联达软件已经开发了 BIM 5D、BIM 审图软件、BIM 浏览器等，鲁班软件可以实现项目群、企业级的数据计算等，出于数据安全性的考虑，可以预见国内的施工企业将会更加重视国产 BIM 平台的使用。

国内也有企业尝试独立开发自己的 BIM 平台来支撑企业级 BIM 实施，这需要企业投入大量的人力、物力，并要以高昂的成本为试错买单。站在企业的角度，自己投入研发的优势可以保证按需定制，能切实解决自身实际业务需求。但是从专业分工的角度而言，施工企业搞软件开发是不科学的，反而会增加项目实施风险和成本。并且，由于施工企业独立开发出来的产品，很难具备市场推广价值，这对于行业整体的发展来说，也是资源上的极大浪费。

因此，与具备 BIM 平台研发实力兼具顾问服务能力的软件厂商合作，搭建企业级协同、共享 BIM 平台, 对于施工企业实施企业级 BIM 应用就显得至关重要。而且, 可以通过 BIM 系统平台的部署加强企业后台的管控能力, 为子公司、项目部提供数据支撑。另外, 企业级 BIM 实施的成功还离不开与之配套的管理体系, 包括 BIM 标准、流程、制度、架构等, 企业级 BIM 实施时需综合考虑。

# 第二节　项目管理平台的框架分析

项目逻辑框架分析 ( logic Framework Analysis, LFA ) 是一种把项目的战略计划和项目设计连接在一起的管理方法, 其主要关注的是在多项目利益相关者的环境下对项目目标的制定和资源的计划与配置。项目的垂直逻辑明确了开展项目的工作逻辑, 阐明了项目中目的、目标、分解目标、产出、活动的因果关系, 并详细说明了项目中重要的假设条件和不确定因素。水平逻辑定义了如何衡量项目目的、目标、分解目标、产出和项目活动及其相应的证实手段。理解这些要素的逻辑关系是为了评估和解决外部因素对项目产生的影响, 从而提高项目设计的有效性。

在理解了项目外部 ( 项目利益相关者、客户、需求 ) 和项目内部 ( 资源、价值、逻辑 ) 环境的基础上, 项目团队可以开始启动项目。在战略的指导下制定项目的目的任务、具体的项目目标、项目的可交付成果, 为项目各项计划的开展奠定坚实的基础。

建筑业是基于项目的产业, 参与工程项目建设的业主、承包方、监理、材料商等各自的利益不同、地位不同以及风险规避本性造成了建筑业是高度碎片化行业。这种碎片性使合同方于近在咫尺的地方常常以脱节的关系工作, 并造成不良结果, 如时间与成本超过、差的质量、顾客满意、过度昂贵的争端和合同方之间的关系中断等。同时, 碎片性也造成了行业效益低、工作效率差、利益相关者之间对抗性强等一直困扰着各国建筑业的问题, 与其他产业相比建筑业的生产力水平是非常低的, 甚至在一些国家随着时间而下降。为了整合建筑业的碎片性, 减少其对项目实施和产业的危害, 世界上许多国家的从业者和产业研究者都对本国建筑产业发展进行了研究。基于项目的建筑产业 "文化" 改革本质是强调团队精神是产业文化的核心，其工作方法是跨组织团队工作方法。Larson（1989）把团队定义为两个或多个人，寻求实现具体的绩效目标或可公认的目标，并把团队成员之间的活动协作作为实现目标或目的。在结构意义上，Haggard（1993）认为团队是一组有共同愿景或理由工作在一起的人，在有效实现共同目标上相互依赖，并且承诺工作在一起以识别和解决问题。同时，Albanese and Haggard（1993）认为团队工作方法对项目管理来说并不是新的，并且由代表业主、设计师、承包商、分包商以及供应商组成的团队已被广泛用于产生想要的项目结果。但是，Albanese（1994）通过描述组织内与组织外的团队工作之间的差异给出了更广泛的观点：组织内的团队工作指由来自一个组织——业主、设计或建筑组织的成员组成的项目团队，它直接关注提高一个组织的效益和间接有助于项目效益；而跨组织团队工作指由来自业主、设计师或承包组织的代表组成的项目团队，这些组织一起产生结果，它通过研究关于业主、设计师和承包商工作关系的问题直接关注一个项目的效力。（Patrick&lung，2007）目前在国外实践过的团队方法包括项目联盟伙伴模式、项目协作开发等，这些方法都比较关注跨组织团队里参与者的关系性质、特征等，在建筑社区里获得了广泛讨论。

现代项目管理开始注重人本与柔性管理。随着社会经济的发展，人类社会的各个方面都发生了巨大的变化，管理理论与管理实践所处环境和所需要解决的问题日益复杂。传统管理面临着严峻的挑战，如个性化的定制，市场对产品和服务更好更快和更便宜带来的加剧竞争，临时性网络组织、知识经济带来的独特性和创新要求等。为了应对上述管理挑战，便产生了项目管理，可以说项目管理理论的产生和发展是时代的需要。但项目管理从经验走向科学，大致经历了传统项目管理、近代项目管理和现代项目管理三个阶段。20世纪30年代以前的项目管理都划入传统项目管理阶段，这一阶段的项目管理强调成果性，旨在完成既定的工作目标，如古代的金字塔、中国长城和古罗马尼姆水道。20世纪40年代到20世纪70年代是现代项目管理阶段，这一阶段的项目管理主要注重时间、成本和质量三目标的实现，项目管理的重点集中在计划、执行、控制及评价方面，强调项目管理技术，注重工具方法的开发应，如计划评审技术、关键路径方法等。20世纪70年代末直至现在是现代项目管理阶段，这一段项目管理的应用领域不断扩大，项目管理开始强调利益相关者的满意度，强调以人为本，注重生态化与柔性管理。特别是 20 世纪 80 年代初，美国的一些管理学家如彼得斯等人认为，过去的管理理论（包括以泰罗为代表的科学管理理论）过分拘泥于理性，导致了管理中过分依赖数学方法，只相信严密的组织结构、严密的计划方案、严格的规章制度和明确的责任分工，结果忽视了管理的最基本原则。因此，必须进行一场"管理革命"，使管理回到基点，即以人为核心做好那些人人皆知的工作，从而"发掘出一种新的以活生生的人为重点的带有感情色彩的管理模式"（苏东水，2003）。管理学领域的人本主义思潮也深深影响了现代项目管理思想的发展。项目管理中对于"人"的因素的强调越来越多，柔性管理方法、人本管理方法成为提高项目管理效率的新的推动力。项目参与者能力的高低、相互之间沟通的效果、合作的倾向，以及项目团队内部的相互信任度的高低、参与者工作积极性等指标与项目成功的正相关关系越来越强。

现代项目变得越来越复杂，工期、质量、成本方面的约束也变得越来越高，项目管理仅凭技术层次的提高和法律法规的完善已经很难带来明显的边际收益。过分强调技术的提高，过分强调利益、合同关系已经开始给项目管理带来负面效应。国外一些报告也认为，过度分散、缺乏合作与沟通、对立的合同关系等都成为阻碍行业进步的绊脚石，项目的成功越来越依赖于项目参与各方之间的相互信任、坦诚沟通、良好协作。项目管理理念也越来越注重以人为本，强调"人"在项目执行中的核心作用。《中国建筑业改革与发展研究报告（2007）》提出了"构建和谐与创新发展"的主题。作为整个社会系统中的一个子系统，建筑业的和谐直接关系着中国"和谐社会"战略的实现。建筑业又是基于项目的产业，项目作为一个社会过程进行价值创造，必须考虑其所面临的不同利益集团的交互作用事件，因此项目中的和谐将影响建筑业的和谐，从而也是整个社会和谐的因素之一。同时，国内也有学者将"和谐"理念应用于工程项目管理，提出和谐工程项目管理（何伯森等，2007；吴伟巍等，2007）。

实际上，几千年来传统的中华文化中蕴含的和谐思想和西方近年来提出的伙伴关系的理念，本质上都是一个目的——合作与共赢。无论是和谐项目管理还是伙伴模式管理，其主要是倡导"团队精神"（Team Spirit），重视"伙伴关系"，理解"双赢"（Win-Win）思想是项目成功的关键；尽量采用和解或调解的方式解决争议，将项目各方关系真正由传统的对立关系转为伙伴关系。

随着对项目参与者关系的日益重视以及项目关系相关研究的不断深入，近年来相关领域的学者也开始分析项目关系与项目绩效的关联关系。这些研究普遍认为，项目参与者之间的良好关系能够减少信息不对称、降低不确定性等，从而保证项目成功并有利于项目绩效的改进和提升。与此相关的研究包括如下几类：

第一类研究是从权维的观点定性分析，即直接将项目参与者关系作为影响项目绩效的一个环境变量进行定性分析。在其整个生命周期，每个项目都被嵌入在包括其他项目和永久组织的环境中，其绩效不可能离开其起作用的环境。基于项目管理从业者驱动的标准化理论和将项目视为一个独立的项目来研究局限性，比较水力发电项目和电力传输项目后，认为"没有项目是孤岛，项目的内部过程是受其历史与组织背景（项目环境）影响的"，从而扩展了其关于项目观点（视角）包括对环境因素和这些因素如何影响不同项目的结构、过程和结果。

因此，有必要讨论项目的环境维度。项目不会独立于价值、规范和环境中参与者的关系，不考虑这些项目不可能被理解。项目依赖不同的资源，如金钱、时间、知识，声誉、信任等，项目通过不同关系获取信息、知识和其他资源等。从这个观点来看，一个项目不仅被看作项目管理者及其计划和控制能力的结果，而且更是在与其他参与者密切交互关系中被创造，该环境不同程度地影响项目。项目在项目参与者交互中发展，项目产品是他们交互作用的结果。环境中的交互作用对项目的完成有更直接影响，因为它将对项目参与者如何完成其任务产生不确定性。项目参与者之间的交互作用关系是环境不确定性的决定性因素，这种交互作用将带来垂直和水平不确定性。前者是指项目安排的等级条件所形成的组织间的委托代理关系和交易关系，后者指在运作工作过程中执行分配任务的参与者之间的协作关系。结合水平和垂直维度形成四个理想化的环境类型即信任环境、监督环境、谈判环境和限制环境，每个类型都暗示关于项目结构、过程和结果的不同问题。如较低的水平和垂直不确定性创造一个信任环境。在这种环境下最有利于项目探究知识的新领域，学习项目执行中的新规则和创造新的实践，这种环境被描述为对更新和创新有促进作用。

第二类体现在项目成功因素识别方面的相关研究。许多研究被执行在项目成功与失败因素的领域，近期研究中的识别了协作、承诺、交流、冲突、内外部交互作用等反映项目参与者之间关系方面的因素是影响项目成功的关键因素。与此同时，一些研究也从实证或案例上证明了这些因素与项目绩效的关系。Matthew&Wenhong（2007）通过在324个项目中收集到的数据来证实委托—顾问协作被发现对项目绩效有最大的全面的显著影响。

　　然而，其影响是通过建立信任、目标一致和减少需求不确定性间接实现的。信任和目标一致性对项目绩效的积极影响表明了该项目中委托—顾问关系的重要性。研究者通过一个预备调查识别了55个项目成功与失败关键因素后，采用回归方法对这些可能影响项目绩效的特征与项目绩效的关系进行了一系列的研究。在2005年，采用逐步回归技术，分析表明项目参与者之间的协作是所有因素中对成本绩效产生最大最显著影响的因素，并从实证上提出了在实现项目成本目标中项目参与者之间的恰当协作有极大的贡献。2006年，研究者从所识别的关键成功与失败因素中，采用多项逻辑回归分析了对项目质量和进度绩效有贡献的因素主要是参与者之间的交互作用，参与者包括内部参与者，如承包商的团队成员，以及外部团队成员如不同的分包商和卖主。并且认为当项目质量遭受参与者之间交互作用的短缺时，项目参与者的协作能力和积极态度是最大的资产。项目团队成员间简短和非正式的交流以及常规的建筑控制会议进一步支持所期望的质量目标实现。2007年，研究者采用两阶段问卷调查，在第一阶段问卷反应分析中识别出11个成功因素和9个失败因素，第二阶段问卷帮助评价这些因素的关键程度与项目给定的绩效评价的关系，然后发现许多成功或失败因素的贡献程度随着项目当前水平的绩效评价而变化。采用多项逻辑回归分析铁三角对成功因素的影响，结果表明，承诺、协作和竞争的出现是实现进度、成本和质量目标的关键因素。在进度绩效中，项目参与者的承诺是最显著的因素，更好地协作不仅是组织内部成员所需要的，而且是外部代理所需要的，缺乏协作将导致成本增加。

　　第三类研究体现在伙伴关系、团队文化等领域。在建筑管理中，人与人之间关系、团队精神和协作的影响是一个重现的主题。创新采购和商业实践的出现如伙伴模式、精益建设和供应链管理需要采取非对抗性态度、协作精神和信任，这反过来，突出了建筑组织与项目管理中社会、人力和文化因素的重要性。项目伙伴模式获得了大量关注，但是实证上伙伴模式很缺乏。

　　业主承包商关系有伙伴关系和非伙伴关系两种方法可供选择，一些案例或实证研究表明采用伙伴关系方法管理可以取得更好的项目绩效或成功。研究者通过比较伙伴项目与非伙伴项目（但不是定量的实证研究），比较标准包括成本、时间、变更顺序成本、索赔成本和工程价值节省等。美国军团工程师发现使用"伙伴对大的和小的合同导致了80%~100%成本超支的减少、有效减少了时间超支、75%较少的文书工作并且在现场安全和更好士气与民心上有重大改进"。基于280个建设项目的研究，Larson（1995）发现与那些采用敌对的、防御性敌对和非正式的伙伴方式的项目相比较，在控制成本、技术绩效和满足顾客期望方面，采用伙伴关系方式管理业主承包商关系的项目获得了更好的效果。此后，在291个项目中，Larson（1997）使用邮件的问卷数据来检验具体的伙伴模式的相关活动与项目成功的关系。所有主要的伙伴活动都是项目成功的一个测量指标（满足进度表、控制成本、技术性能、顾客需求、避免诉讼以及整个结果）。该结果建议使用伙伴模式并且得到组织团队高层管理的支持是其成功的关键。

随着组织领域对组织文化的重视，项目管理领域也开始重视项目文化对项目绩效的影响。文化对建设的影响是很深的，如研究者在1990年宣称一个建设组织的文化是绩效的主要决定因素，像Latham's（1994）所做的建筑产业报告也明确断言了相同的影响。克罗地亚高速公路的战后重建（Eaton Consulting Group，2002）进一步证明了除制度差距，文化差距也阻止了项目的有效执行。2003年也有研究者提出证据表明建筑业中许多中小企业中不恰当的文化阻止了像"伙伴模式"与"最佳价值"理念的执行。这些暗示了在人力交互作用因素产生作用的交界面产生冲突的可能性，并且这有可能转移对进度或预算的注意力。为了使团队成功，提供充分的信息和方向，开发控制与协作的合适的正式手续和恰当的机制，有必要打破项目参与者需求之间的平衡。恰当的平衡可能导致协同或"化学"的发展，减少项目中的冲突和实现更好的项目交付。有研究者认为："项目参与人之间的冲突在许多建筑产业报告中被识别出来作为建设项目绩效差的基本原因之一。这些冲突发生在界面，一方面是因为参与者有不同的目标和不同的组织文化，这决定了他们的工作方法和与其他项目参与者的关系。"因此，通过组织文化的改变形成共同的项目文化，可以改进项目参与者之间的关系，从而有助于改进项目绩效。

第四类研究直接案例分析或实证检验项目关系对项目绩效的影响。与以上三类研究相比，直接验证项目关系与项目绩效关联性研究相对较少，而 Xiao-Hua Jin 等则是这些少数研究者之一。当试图预测项目绩效时基于关系的因素很少被考虑，Xiao-Hua Jin 把关系风险和关系建立工具探索作为基于关系的因素。基于中国一般建筑项目，Xiao-Hua Jin 和其他的研究者定义了 13 个测量建设项目成功水平的绩效指标，并分成 4 组，即成本、进度、质量和绩效关系。

"关系"一词的字面意思是"事物之间相互作用、影响的状态"或"人与人之间、人与事物之间某种性质的联系"，在中国常常被理解为"人际关系"，强调的是个人与个人之间的联系。关系作为学术术语在关系营销中理解为两个和多个客体、人和组织之间的一种联系，或者理解为以双方各自或共同的兴趣、利益和资源优势为基础的社会连接，其重点关注消费者市场中组织与个人之间的关系。一般来说，任何项目都会涉及众多参与者而且关系复杂。以一般工业与民用建筑为例，项目参与者包括业主、业主单位的相关部门、项目管理咨询单位、专业设计师（建筑、结构、供暖、通风、空调电器等）、技术鉴定单位、各施工企业（包括总包、分包及其他施工单位）、材料设备供应商以及其他相关单位（城建、水电供应、环保、工商等），他们之间存在着错综复杂的联系。例如，业主相关部门对于业主的领导，技术鉴定部门对于工程质量的验收，城建部门对于工程施工许可证的审核发放，环保部门对于工程环境保护的要求等。在所有这些参与者中业主是一个焦点参与者，因为没有业主的需求就没有项目的存在。而在这些所有的关系中，业主—承包商关系是一个焦点关系。以这个焦点关系为基础，其他参与者都分别直接或间接地与这两个关系主体相关。

项目具有高度复杂性和不确定性，需要多个公司和个人参与，因此这些参与者之间的合作与协作是必不可少的。合作能够维持伙伴关系的目标一致性，关系方之间频繁的合作与协作可以促进他们之间的信任从而增强关系良性发展。项目参与方自身个体目标的实现是以整个项目目标的实现为前提的，为实现项目和组织内部的目标，项目参与方的共同行为需要资源（包括资金、专业化技巧以及其他要素），合作是对资源对等交换的一种期待。交易成本理论认为伙伴之间的合作减少了交易成本同时产生更高的质量，而"囚徒困境"博弈认为基于信任和长期考虑的合作是一种正和博弈，这都可导向关系的成功。组织间合作也是建立在"信任"基础上的合作关系，将有助于合作双方降低甚至解决组织间资源交易所产生的代理问题。

# 第三节　项目管理平台的功能研究

## 一、基于 BIM 技术的协同工作基础

### 1. 通过 BIM 文件共享信息

BIM 应用软件和信息是 BIM 技术应用的两个关键要素，其中应用软件是 BIM 技术应用的手段，信息是 BIM 技术应用的目的。当我们提到了 BIM 技术应用时，要认识清楚 BIM 技术应用不是一个或一类应用软件的事，而且每一类应用软件不只是一个产品，常用的 BIM 应用软件就有十几个到几十个之多。对于建筑施工行业相关的 BIM 应用软件，从其所支持的工作性质角度来讲，基本上可以划分为三个大类。第一，技术类 BIM 应用软件。其主要是以二次深化设计类软件、碰撞检查和计算软件为主。第二，经济类 BIM 应用软件。其主要是与方案模拟、计价和动态成本管理等造价业务有关的应用软件。第三，生产类 BIM 应用软件。其主要是与方案模拟、施工工艺模拟、进度计划等生产类业务相关的应用软件。在 BIM 实施过程中，不同参与者、不同专业、不同岗位会使用不同的 BIM 应用软件，而这些应用软件往往由不同软件商提供。没有哪个软件商能够提供覆盖整个建筑生命周期的应用系统，也没有哪个工程只是用一个公司的应用软件产品完成。据 IBC（Institute for BIM in Canada，加拿大 BIM 学会）对 BIM 相关应用软件比较完整的统计，包括设计、施工和运营各个阶段大概有 79 种应用软件，施工阶段达到 25 个，这是一个庞大的应用软件集群。在 BIM 技术应用过程中，不同应用软件之间存在着大量的模型交换和信息沟通的需求。各 BIM 应用软件开发的程序语言、数据格式、专业手段等不尽相同，导致应用软件之间信息共享方式也不一样，一般包括直接调用、间接调用、统一数据格式调用三种模式。

（1）直接调用

在直接调用模式下，两个 BIM 应用软件之间的共享转换是通过编写数据转换程序来实现的，其中一个应用软件是模型的创建者，称之为上游软件，另外一个应用软件是模型的使用者，称之为下游应用软件。一般来讲，下游应用

软件会编写模型格式转换程序，将上游应用软件产生的文件转换成自己可以识别的格式。转换程序可以是单独的，也可以是作为插件嵌入使用应用软件中。

（2）间接调用

间接调用一般是利用市场上已经实现的模型文件转换程序，借用别的应用软件，将模型间接转换到目标应用软件中。例如，为能够使用结构计算模型进行钢筋工程量计算，减少钢筋建模工作量，需要将结构计算软件的结构模型导入到钢筋工程量计算软件中，因为二者之间没有现成可用的接口程序，所以采用了间接调用的方式完成。

（3）统一数据格式调用

前面两种方式都需要应用软件一方或双方对程序进行部分修改才可以完成。这就要求应用软件的数据格式全部或部分开放并兼容，以支持相互导入、读取和共享，这种方式广泛推广起来存在一定难度。因此，统一数据格式调用方式应运而生。这种方式就是建立一个统一的数据交换标准和格式，不同应用软件都可以识别或输出这种格式，以此实现不同应用软件之间的模型共享，IAI( International Alliance of Interoperability，国际协作联盟）组织制定的建筑工程数据交换标准 IFC( Industry Foundation Classes，工业基础类）就属于此类。但是，这种信息互用方式容易引起信息丢失、改变等问题，一般需要在转换后对模型信息进行校验。

### 2. 基于 BIM 技术的图档协同平台

在施工建设过程中,项目相关的资料成千上万、种类繁多,包括图纸、合同、变更、结算、各种通知单、申请单、采购单、验收单等文件，多到甚至可以堆满一个或几个房间。其中，图纸是施工过程中最重要的信息。虽然计算机技术在工程建设领域应用已久，但目前建设工程项目的主要信息传递和交流方式还是以纸质的图纸为主。对于施工单位来讲，图纸的存储、查询、提醒和流转是否方便，直接影响项目进展的便利程度。例如，一个大型工程 50% 的施工图都需要二次深化设计工作，二次设计图纸提供是否到位、审批是否及时对施工进度将产生直接的影响，处理不当会带来工期的延迟和大的变更。同时，由于工程变更或其他的问题导致图纸的版本很难控制，错误的图纸信息带来的损失相当惊人。

BIM 技术的发展为图档的协同和沟通提供了一条方便的途径。基于 BIM 技术的图档管理核心是以模型为统一介质进行沟通的，改变了传统的以纸质图纸为主的"点对点"的沟通方式。

协同工作平台的建立。基于 BIM 技术的图档管理首先需要建立图档协同平台。不同专业的施工图设计模型通过"BIM 模型集成技术"进行合并，并将不同专业设计图纸、二次深化设计、变更、合同等信息都与专业模型构建进行关联。施工过程中，可以通过模型可视化特性，选择任意构件，快速查询构件相关的各专业图纸信息、变更图纸、历史版本等信息，一目了然。同时，图纸相关联的变更、合同、分包等信息都可以联合查询，实现了图档的精细化管理。

有效的版本控制。基于 BIM 技术的图档协同平台可以方便地进行历史图纸追溯和模型对比。传统的图档管理一般需要按照严格的管理程序对历史图纸进行编号，不熟悉编号规则的人经常找不到。有时变更较多，想找到某个时间的图纸版本就更加困难，就算找到，也需要花时间去确定不同版本之间的区别和变化。以 BIM 模型构件为核心进行管理，从构件入手去查询和检索，符合人的心理习惯。找到相关的图纸后，可自动关联历史版本图纸，可选择不同版本进行对比，对比的方式完全是可视化的模型，版本之间的区别一目了然。同时，图纸相关联的变更信息会进行关联查询。

基于模型的深化设计预警。基于 BIM 技术的图档管理可以对二次深化设计图纸进行动态跟踪与预警。在大型施工项目中，50% 的施工图纸都需要二次深化设计，深化设计的进度直接影响工程进展。针对数量巨大的设计任务，除了合理的计划之外，及时提醒和预警也很重要。

基于云技术和移动技术的动态图档管理。结合云技术和移动技术，项目团队可将建筑信息模型及相关图档文件同步保存至云端，并通过精细的权限控制及多种写作功能，确保工程文档能够快速、安全、便捷、受控地在全队中传递和共享。同时，项目团队能够通过浏览器和移动设备随时随地浏览工程模型，进行相关图档的查询、审批、标记及沟通，从而为现场办公和跨专业协作提供了极大便利。随着移动技术的迅速发展，针对工程项目走动式办公特点，基于 BIM 技术的图档协同平台开始提供移动端的应用，项目成员在施工现场可以通过手机或 PAD 实时进行图档的浏览和查询。

## 二、基于 BIM 技术的图纸会审

图纸会审是指建设、施工、设计等相关参建单位，在收到审查合格的施工设计文件之后，对图纸进行全面细致的熟悉，审查处理施工图中存在的问题及不合理的情况，并提交设计院进行处理的一项重要活动。其目的有两个：一是使施工单位和各参建单位熟悉设计图纸，了解工程特点和设计意图，找出需要解决的技术难题，并制定解决方案；二是为了解决图纸中存在的问题，减少图纸的差错，对设计图纸加以优化和完善，提高设计质量，消除质量隐患。

图纸会审在整个工程建设中是一个重要且关键的环节。对于施工单位而言，施工图纸是保证质量、进度和成本的前提之一，如果施工过程中经常出现变更，或者图纸问题多，势必会影响整个项目的施工进展，带来不必要的经济损失。BIM 模型的支持，不仅可以有效提高图纸协同审查的质量，还可以提高审查过程及问题处理阶段各方沟通协作的工作效率。

### 1. 施工方对专业图纸的审查

图纸会审主要是对图纸的"错漏碰缺"进行审查，包括专业图纸之间、平立剖之间的矛盾、错误和遗漏等问题。传统图纸会审一般采用的是 2D 平面图纸和纸质的记录文件。施工图会审的核心是以项目参与人员对设计图纸的全面、快速、准确理解为基础的，而 2D 表达的图纸在沟通和理解上容易产生歧异。首先，一个 3D 的建筑实体构件通过多张 2D 图纸来表达，会产生很多的冗余、冲突和错误。其次，2D 图纸以线条、圆弧、文字等形式存储，只能依靠人来解释，电脑无法自动给出错误或冲突的提示。

简单的建筑采用这种方式没有问题，但是随着社会发展和市场需要，异形建筑、大型综合、超高层项目越来越多，项目复杂度的增加使得图纸数量成倍增加。一个工程就涉及成百上千张图纸，图纸之间又是有联系和相互制约的。在审查一张图纸细节内容时，往往就要找到所有相关的详图、立面图、剖面图、大样图等，包括一些设计说明文档、规范等。特别是当多个专业的图纸放在一起审查时，相关专业图纸要一并查看，需要对不同专业元素的空间关系通过大脑进行抽象的想象，这样既不直观，准确性也不高，工作效率也很低。

利用 BIM 模型可视化、参数化、关联化等特性，同时通过"BIM 模型集成技术"将施工图纸模型进行合并集成，用 BIM 应用软件进行展示。首先，保证审核各方可以在一个立体 3D 模型下进行图纸的审核，能够直观地、可视化地对图纸的每一个细节进行浏览和关联查看。各构件的尺寸、空间关系、标高等相互之间是否交叉，是否在使用上影响其他专业，一目了然，省去了找问题的时间。其次，可以利用计算机自动计算功能对出现的错误、冲突进行检查，并得出结果。最后，在施工完成后，也可通过审查时的碰撞检查记录对关键部位进行检查。

### 2.图纸会审过程的沟通协同

通过图纸审查找到问题之后，在图纸会审时需要施工单位、设计单位、建设单位等各方之间沟通。一般来讲，问题提出方对出现问题的图纸进行整理，为表述清晰，一般会整理很多张相关图纸，目的是让沟通双方能够理解专业构件之间的关系，这样才可以进行有效的沟通和交流。这样的沟通效率、可理解性和有效性都十分有限，往往浪费很多时间。同时也容易造成图纸会审工作仅仅聚焦于一些有明显矛盾和错误集中的地方，而其他更多错误，如专业管道碰撞、不规则或异形的设计跟结构位置不协调、设计维修空间不足、机电设计和结构设计发生冲突等问题根本来不及审核，只能留到施工现场。从这种方式看来，2D 图纸信息的孤立性、分离性为图纸的沟通增加了难度。

BIM 技术可用于改进传统施工图会审的工作流程，通过各专业模型集成的统一 BIM 模型可提高沟通和协同的效率。在会审期间，通过 3D 协同会议，项目团队各方可以方便地查看模型，更好地理解图纸信息，促进项目各参与方交流问题，更加聚焦于图纸的专业协调问题，大大降低了检查时间。

## 三、基于 BIM 技术的现场质量检查

当 BIM 技术应用于施工现场时，其实就是虚拟与实际的验证和对比过程，也就是 BIM 模型的虚拟建筑与实际的施工结果相整合的过程。现场质量检查就属于这个过程。在施工过程中现场出现的错误不可避免，如果能够在错误刚刚发生时发现并改正，具有非常大的意义和价值。通过 BIM 模型与现场实施结果进行验证，可以有效地、及时地避免错误发生。

施工现场的质量检查一般包括开工前检查、工序交接检查、隐蔽工程检查、分部分项工程检查等。传统的现场质量检查，质量人员一般采用目测、实测等方法进行，对于那些需要设计数据校核的内容，经常要去查找相关的图纸或文

档资料等，为现场工作带来很多不便。同时，质量检查记录一般是表格或文字，也为后续的审核、归档、查找等管理过程带来很大不便。

BIM技术的出现丰富了项目质量检查和管理的控制方法。不同于纯粹的文档叙述，BIM将质量信息加载在BIM模型上，通过模型的浏览，摆脱文字的抽象，让质量问题能在各个层面上高效地流传辐射，从而使质量问题的协调工作更易展开。同时，将BIM技术与现代化技术相结合，可以达到质量检查和控制手段的优化。基于BIM技术的辅助现场质量检查主要包括以下两方面的内容：

### 1.BIM技术在施工现场质量检查的应用

在施工过程中，当完成某个分部分项时，质量管理人员可利用BIM技术的图档协同平台、集成移动终端、3D扫描等先进技术进行质量检查。现场使用移动终端直接调用相关联的BIM模型，通过3D模型与实际完工部位进行对比，可以直观地发现问题，对于部分重点部位和复杂构件，利用模型丰富的信息，关联查询相关的专业图纸、大样图、设计说明、施工方案、质量控制方案等信息，可及时把握施工质量，极大地提高了现场质量检查的效率。

### 2.BIM技术在现场材料设备等产品质量检查的应用

提高施工质量管理的基础就是保证"人、机、物、环、法"五大要素的有效控制，其中，材料设备质量是工程质量的源头之一。由于材料设备的采购、现场施工、图纸设计等工作是穿插进行的，各工种之间的协同和沟通存在问题。因此，施工现场对材料设备与设计值的符合程度的检查非常烦琐，BIM技术的应用可以大幅度降低工作的复杂度。

在基于BIM技术的质量管理中，施工单位将工程材料、设备、构配件质量信息录入建筑信息模型，并与构件部位进行关联。通过BIM模型浏览器，材料检验部门、现场质量员等都可以快速查找所需的材料及构配件信息，规格、材质、尺寸要求等一目了然。并根据BIM设计该模型，跟踪现场使用产品是否符合实际要求。特别是在施工现场，通过先进测量技术及工具的帮助，可对现场施工作业产品材料进行追踪、记录、分析，掌握现场施工的不确定因素，避免不良后果的出现，监控施工产品质量。

针对重要的机电设备，在质量检查过程中，通过复核，及时记录真实的设备信息，关联到相关的 BIM 模型上，对于运维阶段的管理具有很大的帮助。运维阶段利用竣工建筑信息模型中的材料设备的信息进行运营维护，如模型中的材料，机械设备的材质、出厂日期、型号、规格、颜色等质量信息及质量检验报告，对出现质量问题的部位快速地进行维修。

## 四、基于 BIM 技术的施工组织协调

建筑施工过程中专业分包之间的组织协调工作的重要性不容忽视。在施工现场，不同专业在同一区域、同一楼层交叉施工的情况是难以避免的，是否能够组织协调好各方的施工顺序和施工作业面，会对工作效率和施工进度产生很大影响。首先，建筑工程施工效率的高低关键取决于各个参与者、专业岗位和分包单位之间的协同合作是否顺利。其次，建筑工程施工质量也和专业之间的协同合作有着很大的关系。最后，建筑工程的施工进度也和各专业的协同配合有关，专业之间的配合默契有助于加快工程建设的速度。

BIM 技术可以提高施工组织协调的有效性，BIM 模型是具有参数化的模型，可以继承工程资源、进度、成本等信息，在施工过程的模拟中，实现合理的施工流水划分，并给予模型完成施工过程的分包管理，为各专业施工方建立良好的协调管理而提供支持和依据。

### 1. 基于 BIM 技术的施工流水管理

施工流水段的划分是施工前必须要考虑的技术措施。其划分的合理性可以有效协调人力、物力和财力，均衡资源投入量，提高多专业施工效率，减少窝工，保证施工进度。施工流水段的合理划分一般要考虑建筑工艺及专业参数、空间参数和时间参数，并需要综合考虑专业图纸、进度计划、分包计划等因素。实际工作中，这些资源都是分散的，需要基于总的进度计划，不断对其他相关资源进行查找，以便使流水段划分更加合理。如此巨大的工作量很容易造成各因素考虑不全面，流水段划分不合理或者过程调整和管控不及时，容易造成分包队伍之间产生冲突，最终导致资源浪费或窝工。

基于 BIM 技术的流水段管理可以很好地解决上述问题。在基于 BIM 技术的 3D 模型基础上，将流水段划分的信息与进度计划相关联，进而与 4D 模型关联，形成施工流水管理所需要的全部信息。在此基础上利用基于 4D 的施工管理软件对施工过程进行模拟，通过这种可视化的方式科学调整流水段划分，

并使之达到最合理。在施工过程中，基于 BIM 模型可动态查询各流水施工任务的实施进展、资源施工状况，碰到异常情况及时提醒。同时，根据各施工流水的进度情况，对相关工作进度状态进行查询，并进行任务分派、设置提醒、及时跟踪等。

一些超高层复杂建筑项目，分包单位众多、专业间频繁交叉工作多，此时，不同专业、资源、分包之间的协同和合理工作搭接显得尤为重要。流水段管理可以结合工作面的概念，将整个工程按照施工工艺或工序要求，划分成一个个可管理的工作面单元，在工作面之间合理安排施工工序。在这些工作面内部合理划分进度计划、资源供给、施工流水等，使得基于工作面内外工作协调一致。

### 2. 基于 BIM 技术的分包结算控制

在施工过程中，总承包单位经常按施工段、区域进行施工或者分包。在与分包单位结算时，施工总承包单位变成了甲方，供应商或分包方成了乙方。在传统的造价管理模式下，施工过程中人工、材料、机械的组织形式与造价理论中的定额或清单模式的组织形式存在差异；在工程量的计算方面，分包计算方式与定额或清单中的工程量计算规则不同，双方结算单价的依据与一般预结算也存在不同。对这些规则的调整，以及量价准确价格数据的提取，主要依据造价管理人员的经验与市场的不成文规则，常常成为成本管控的盲区或灰色地带，同时也经常造成结算不及时、不准确，使分包工程量结算超过总包向业主结算的工程量。

在基于 BIM 技术的分包管理过程中，BIM 模型集成了进度和预算信息，形成 SD 模型。在此基础上，在总预算中与某个分包关联的分包预算会关联到分包合同，进而可以建立分包合同、分包预算与 SD 模型的关系。通过 SD 模型，可以及时查看不同分包相关工程范围和工程量清单，并按照合同要求进行过程计量，为分包结算提供支撑。同时，模型中可以动态查询总承包与业主的结算及收款信息，据此对分包的结算和支付进行控制，真正做到"以收定支"。

# 第四节　对于项目管理平台的应用价值

建设工程项目在协同工作时常常遇到沟通不畅、信息获取不及时、资源难以统一管理等问题。目前，大家普遍采用信息管理系统，试图通过业务之间的集成、接口、数据标准等方式来提高众多参建者之间的协同工作效率，但效果并不明显。BIM 技术的出现，带来了建设工程项目协同工作的新思路。BIM 技术不仅实现了从单纯几何图纸转向建筑信息模型，也实现了从离散的分步设计和施工等转向基于统一模型的全过程协同建造。BIM 技术为建设工程协同工作带来如下价值。

## 1.BIM 模型为协同工作提供了统一管理介质

传统项目管理系统更多地是将管理数据集成应用，缺乏将工程数据有机集成的手段。根本原因就是建筑工程所有数据来自不同专业、不同阶段和不同人员，来源的多样性造成数据的收集、存储、整理、分析等难度较高。BIM 技术基于统一的模型进行管理，统一了管理口径，将设计模型、工程量，预算、材料设备、管理信息等数据全部有机集成在一起，降低了协同工作的难度。

## 2.BIM 技术的应用降低了各参与方之间的沟通难度

建设工程项目不同阶段的方案和措施的有效实施，都是以项目参与人员的全面、快速、准确理解为基础，而 2D 图纸在这方面存在障碍。BIM 技术以 3D 信息模型为依托，在方案策划、设计图纸会审、设计交底、设计变更等工作过程中，通过 3D 形式传递设计理念、施工方案，提高了沟通效率。

## 3.BIM 技术促进建设工程管理模式创新

BIM 技术与先进的管理理念和管理模式集成应用，以 BIM 模型为中心可以实现各参建方之间高效的协同工作，为各管理业务提供准确的数据，大大提升管理效果。在这个过程中，项目的组织形式、工作模式和工作内容等将发生革命性的变化，这将有效地促进工程管理模式的创新与应用。

# 第六章　BIM 在项目结构设计中的应用

## 第一节　BIM 在项目结构设计应用中的必要性

### 一、必要性分析

结构设计作为工程项目十分重要的一部分，在结构设计阶段对 BIM 技术的应用必不可少，且具有重要意义。

1.传统的结构设计也有三维的结构计算模型，并带有结构计算信息，但结构计算模型经过一定程度的简化、合并，与图样并不完全对应；BIM 模型则是与图样完全对应的结构三维模型，满足可视化设计需求，可以避免低级错误。

2.传统结构设计基本上采用计算模型与图样相分离的模式进行设计，构件信息与图样标注信息无关联；而 BIM 模型的构件信息与标注相互联动。

3.结构计算模型仅供结构专业计算使用，无法提供给其他专业应用；而 BIM 模型可以参与多专业的协同过程，整体发挥作用。

4.依赖 BIM 软件平台，诸如 Revit 平台强大的可视化表现能力，可以对结构构件做各种检测分析，并以直观的方式表现出来，辅助设计人员对结构体系做出优化设计。

5.结构 BIM 模型可以快速统计工程量，虽然目前主要为混凝土量，准确度也依赖于建模规则，但可以作为对项目快速估算与对比的参考依据。

6.BIM 模型对于施工交底作用较大，可视化交底过程可以显著提高沟通效率，减少信息不对等导致的理解错位。

总之，应用 BIM 技术，使结构设计打破了传统计算模型和二维设计的工作方式，直观表达设计师的意图，从而减少反复沟通的时间，同时可视化的工作方式，使辅助设计师更容易发现问题，对提高设计质量具有积极意义。

## 二、BIM 技术在工程项目管理中的应用现状

作为一种先进的工具和工作方式，BIM 技术不仅改变了建筑设计的手段和方法，而且在建筑行业领域做出了革命性的创举，通过建立 BIM 信息平台，建筑行业的协作方式被彻底改变。对于 BIM 在建筑工程全生命周期中的应用问题，美国 bSa（building SMART alliance）做了比较详尽的归纳。

BIM 在工程项目全生命周期各阶段的主要应用如下：规划阶段主要用于现状建模、成本预算、阶段规划、场地分析、空间规划等；设计阶段主要用于对规划阶段的设计方案进行论证，包括方案设计、工程分析、可持续性评估、规范验证等；施工阶段则主要起到与设计阶段三维协调的作用，包括场地使用规划、施工系统设计、数字化加工、材料场地跟踪、三维控制和计划等；运维阶段主要用于对施工阶段进行记录建模，具体包括制订维护计划、进行建筑系统分析、资产管理、空间管理跟踪、灾害计划等。

### 1. 规划阶段

从项目建立初期开始，项目主要管理者就需要对项目有一个总体的管理思路，针对项目的特点，分析出项目管理的重要部位、重要环节。例如，质量管理中的关键节点、重要部位，安全管理中的重大风险源；临建阶段需要考虑的诸多因素；等等。在借助 BIM 应用平台进行质量、安全管理之前需要选择合适的应用平台，或者在已有的平台上进行二次开发，以满足具体工程的需求。如果不具备平台应用条件，也可先建立模型，在模型上进行相关的基本应用。

规划人员将 BIM 技术应用于规划阶段时，要结合业主需求、都市计划、建筑法规、气候地区资料、地籍图、钻探或地基调查报告等资料，将其应用于建筑设计、室内配置、现地调查、法规及现况检讨、日照分析、采光分析、环境影响评估，进而绘制出 3D 立体模型、2D 平（立、剖）面图、能源分析结果、建蔽率分析结果、容积率分析结果、基地配置图等，完成建筑师在设计规划阶段的所有要求。BIM 空间信息模型的使用，将引导建筑师重新思考建筑设计流程，直接将脑海中的设计概念视觉化，对设计者来说使用起来更加直观，用三维模型让所有设计的详细内容得以具体呈现，去除传统使用 2D 图形时所产生的设计模糊角落，如线条复杂的模型于二维图纸上无法准确达到预期的效果，3D 信息模型可帮助厘清设计细节，更可避免事后各方之间的建筑争议。

BIM模型的可视化功能使业主与设计者在沟通时更易表达各方所需，方便后续作业。业主可以使用模型进行项目营销，综合成本信息形成5D模型可以进行成本估算。

## 2.设计阶段

项目定下来之后，设计师开始做设计方案，BIM此时开始介入，辅助设计师进行方案设计。目前主要有两种方法。

（1）将确定好的方案按其成型逻辑重新建立一个准确的模型，或者将确定下来的模型通过通用格式导入BIM相关软件进行分析，即以平面图纸为基础进行3D建模或者翻模，之后结合设计师的意见对其修改，进而反向促进方案的优化。

（2）直接由设计师与BIM工程师配合给出方案，即设计师负责概念、逻辑、方案决断，而BIM工程师负责将设计师的理念付诸实践。从这个角度看，BIM工程师参与了方案设计工作。

由此可见，在方案设计方面，第一种方法中BIM只是一个技术上的搬运工，如果按照这个趋势不断发展，那么BIM会以一个产业的形态落地，可能是以很多企业中配备BIM部门，或者同时存在专业BIM公司的形式（类似于国外的咨询公司）延续下来。而第二种方法中BIM是一个概念的实现者，如果按照这样的趋势不断发展，那么BIM就很可能真正变成设计者的工具，这个过程类似于以前从徒手画图到引入CAD的过程。以后还可能出现第三种方法，就是设计师利用BIM软件进行设计，一步到位，不再有2D图纸，所有的设计方案都以3D形式展现，即BIM真正变成了一个工具，不再有"BIM工程师"。就行业发展来看，这种趋势是必然的，但可能需要比较长的时间来实现。现阶段，BIM在设计阶段主要以第一种方法辅助设计。

在方案设计阶段应用BIM技术，通过BIM模型的可视化功能完成方案的评审及多方案的比选会更加直观，也便于进行建筑概念设计和方案设计。

传统条件下，建筑概念设计基本上是依靠建筑师设想出建筑的平面和立面体型，但要直观表述建筑师的设想较为困难。通常建筑师会借助幻灯片向业主表达自己的设计概念，而业主却不能直接理解设计概念的内涵。在三维可视化条件下，三维状态的建筑能够借助电脑呈现，使人们可以从各个角度观察，虚拟阳光、灯光照射下建筑各个部位的光线视觉，为建筑概念设计和方案设计提供了方便；同时，设计过程中，通过虚拟人员在建筑内的活动，直观地再现人在真正建筑中的视觉感受，使建筑师和业主的交流变得直观和容易。

BIM模型成为交付的重点，意味着对交付图纸的要求变为辅助表达设计意图，由BIM模型直接生成的二维视图完全可以满足交付的要求。因此，方案设计阶段BIM模型生成的二维视图可直接作为正式交付物。这种方式不仅保证了交付质量，也大幅度提升了设计效率，BIM技术的应用效果十分明显。初步设计阶段应用BIM技术，通过BIM模型可以更高质量地完成建筑设计、优化分析及综合协调，对于交付图纸的二维制图标准要求不需要非常严格，还有利于施工图设计阶段的设计修改。由于现阶段BIM模型生成的二维视图尚不能完全满足二维制图规范的要求，施工图设计阶段由BIM模型生成的二维视图很难直接用于交付。施工图设计阶段应用BIM技术，对施工阶段进行深化设计并指导施工，需要进行专业间的综合协调，检查是否出现由设计错误造成的无法施工的情况。目前可行的工作模式为先依据BIM模型完成综合协调、错误检查等工作，对BIM模型进行设计修改，最终将二维视图导入二维设计环境中进行图纸的后续处理。这样能够保证施工图纸达到二维制图标准要求，同时也能降低在BIM环境中处理图纸的大量工作。

目前设计院应用BIM主要采用BIM建模软件对设计过的2D图纸进行"翻模"，然后利用模型进行碰撞检查和性能分析。这种模式被称为"BIM1.0"。近些年出现了"BIM2.0"模式，即在设计过程中直接利用BIM软件运用3D思维进行设计，最后利用三维软件直接获取二维施工图，完成设计、报审与交付。随着BIM设计工具自身功能的不断完善，BIM设计工具的本土化工作进一步深入，基于BIM设计工具的二次开发工具集不断增多，设计企业自身BIM设计能力和经验不断丰富，满足设计企业自身或行业标准的BIM设计资源图库以及专业样板文件的不断完善，未来从BIM模型自动生成的二维视图将基本满足出图要求，设计师只需简单地将其补充完善后即可快速、高效地完成施工图设计要求并打印出图。

一幢建筑物的性能特点绝大部分是由设计决定的，不仅如此，设计的好坏对于施工质量以及施工时间起到了决定性作用，虽然设计阶段的建设成本费用只占总体成本的5%左右（国内可能会更低，有些工程这一比例仅为2%左右），但我们必须清楚的是，看似不起眼的设计却决定了建筑物未来高达70%的建造成本。

在BIM技术的智能辅助之下，设计师的能力相较之前变得更强大。他们可以很轻易地完成之前CAD技术所无法完成的工作，尤其是在现如今这种时间紧张、规模浩大、设计经费有限、竞争激烈、项目复杂的建设条件之下，熟练地运用BIM技术能够从各方面提升设计阶段的项目性能以及质量。

BIM技术包括的工作有以下几个方面：

（1）在设计阶段初期，我们可以利用BIM技术的模型信息库所提供的信息对整个工程各个发展阶段的设计方案进行各类模拟、优化以及性能分析，如造价计算、应急处理、能耗计算、噪声处理、景观可视度、热工、日照以及风环境等，从而使业主拥有的建筑物达到最佳的性能要求。在BIM技术下进行设计，专业设计完成后建立工程各个构件的基本数据，导入专门的工程量计算软件，则可得出拟建建筑的工程预算和经济指标，能够立即对建筑的技术、经济性能进行优化设计，实现方案选择的合理性。之前BIM技术还未应用的时候，我们只能通过CAD软件进行辅助设计，想要很完美地完成这些工作，我们不仅需要消耗大量的人力资源，而且所要损失的物力也是很难计算的。因此，目前除了一些拥有丰富的人力物力可以开展这些工作的特别重要的大型国家性建筑物之外，绝大部分的建筑项目都还处于恰好达到验算标准的水平，离连续、主动的性能分析这一目标还有很大的距离。

（2）对于复杂节点、新工艺、新结构、新形式这些所谓的工艺难点我们可以利用BIM模型进行分析模拟，进而使设计方案得到改善，以利于施工的成功实现，让之前那些只能在施工现场或者施工过程中才能发现的问题尽早暴露，并且在设计阶段就可以得到很好的解决处理，这样可以大大缩短施工的工期，降低施工的人力物力成本。

（3）可视化特性是BIM技术中一项很强大、很便利的技术。通过可视化特性，设计方案可以展现在用户、业主、预制方、施工方以及设备供应商的面前，让彼此之间的沟通变得便利且有效，使由于沟通不当产生的误会大大减少，从而提高施工的效率，降低错误发生的概率。

（4）BIM技术模型可以对建筑物的各类系统进行调节，如建筑物的电梯、消防、机电、结构等，BIM模型可以提前模拟产品的施工图，确保产品不会出现常见的错漏碰缺现象。

（5）通过 BIM 技术平台，施工企业可以在设计阶段对施工方案和施工计划进行仿真模拟，充分利用资源和空间，消除冲突，从而获得最优化的施工方案和计划。将 BIM 技术与互联网、移动通信、照相、视频以及 3D 扫描等技术集成，可以很便利地跟踪施工的质量和进度情况。将 BIM 技术与管理信息系统集成，可以十分有效地支持财务、库存、采购、造价等工程的动态、精确管理，从而达到生成项目相关文件以及竣工模型的最终目的。

### 3. 施工阶段

目前建设项目的施工时间普遍都较长，并且项目的市场环境变化很快，这些都给项目成本的控制带来了一定的困难。合理有效地使用 BIM 技术，可以将其模拟性、可见性以及协调性的特点充分发挥出来，这样可以减少工程成本，全方面提高工程施工建设的效率，减少不必要的浪费，帮助企业的管理人员严格控制投资的成本。

合理利用 BIM 技术可以将工程技术的方案及实例更为立体地展现出来，将投标价更精准、更快捷地制定出来。首先，由设计单位中的设计人员向建设单位提供 BIM 模型；其次，建设单位根据设计人员提供的模型以及项目结构构件的特征编制完整的工程量清单；最后，投标单位购买招标文件并对建设单位所编制的工程量进行复核确定。BIM 技术的引进提高了工程项目的成本估算并缩短了整个工作时间，而且依靠技术的升级提高了准确率。这样可以在很大程度上提升企业的项目中标率。

对施工环节而言，BIM 技术的碰撞检查是一个非常有力的工具。之前设计人员将建筑设计图以及所有事项制定完成之后便会将任务下达，建筑施工人员便会开始实施工作。然而，在施工过程中通常会遇到很多意想不到的突发情况，其中最为突出的就是房屋管道与墙壁的冲突碰撞。在这些情况发生之后，施工人员便会改变施工计划，拆墙重装或者是将已有的管道重新安装。这样重复的工作不仅会增加人工成本、延长工作时间，而且会在很大程度上影响工程的效率，并且不能保证重新施工后的效果一定会达到预期的目标。利用 BIM 的三维技术在前期进行碰撞检查，可以直观解决空间关系冲突，优化工程设计，减少在建筑施工阶段可能存在的错误和返工，而且能够优化净空，优化管线排布方案。最后施工人员可以利用碰撞优化后的方案，进行施工交底、施工模拟，从而提高施工质量，同时也提高施工人员与业主沟通的能力，提前协调解决处理问题。

BIM软件具有三维可视化特点以及时间维度功能，有效利用BIM技术可以将施工项目各个阶段的现场情况非常直观地模拟显示出来，从而更加方便简捷地进行实际现场的平面布置工作，将现场平面布置得高效合理。可以对工程施工项目进行虚拟施工，随时随地直观快速地将施工计划与实际进展进行对比，同时进行有效协同，施工方、监理方甚至非工程行业出身的业主都能对工程项目的各种问题和情况了如指掌。通过三维动画渲染，给人以真实感和直接的视觉冲击。将BIM技术与施工方案相结合进行施工模拟以及现场视频监测，可以减少建筑质量问题、安全问题，减少返工和整改。将实际的施工进展与之前的施工计划进行快速有效的对比，可以保证各部门之间工作的有效协同，减少工程建筑存在的安全质量问题以及项目整改和返工的可能性。

将BIM技术运用于施工企业，对于企业级的管理阶层有极大的帮助，通过软件的实时控制可以很方便地对施工过程的各方面进行调控，对项目部进行有效的支撑和控制，将管控风险尽可能地降低，从而进一步提升工程项目的实际管控能力。利用BIM技术进行虚拟装配，将构配件的虚拟装配运用于BIM技术的设计模型中，可以使安装、运输、制造中可能出现的问题提早暴露出来，并对问题及时进行修改，这样能大大避免由于设计失误造成的工期滞后和人力物力浪费等问题的发生。利用BIM技术进行现场技术交底，通过BIM技术施工管理软件的应用，可以将施工流程以三维模型和动画的方式展现在人们的面前，效果直观生动，让工人可以更好地了解工程项目特点，有利于进行项目的技术交底工作。不仅如此，BIM技术施工管理软件还可以帮助管理者对工人进行培训，使他们在施工前对施工的内容、顺序和各项注意点有更加充分的了解。利用BIM技术进行复杂构件的数字化加工，即合理地将BIM技术运用于复杂构件上，对其进行数字化加工，或将预制技术与BIM技术更完美地组合运用在一起，那么施工企业在建造过程中将会变得更加安全、经济、准确。

BIM技术的全面普及及其在建筑行业各个方面的应用，已经为施工企业在科技层面上的发展带来了难以想象的巨大影响，使建筑工程的集成化程度得到了很大提高。与此同时，BIM技术也为施工企业未来的发展带来了十分可观的效益。整个工程的规划阶段、设计阶段、施工阶段甚至是施工过程的质量和效率方面相较之前都有了非常显著的提升，大大加快了行业的发展步伐。因此我们可以看出，将BIM技术成熟的运营和推广一定会让施工企业从科技创新和生产力方面都得到让人意想不到的收益。

### 4. 运维阶段

在工程全生命周期管理中，项目的运营阶段在整个完整的项目周期中所需时间最长，也是工程项目管理中最为重要的一个阶段，它可以直接影响一个工程建筑物最终的质量，是成败的关键因素。因此，想要保障一个项目的施工运营安全，首要的任务就是制定出一套完善的管理方案，设施管理主要服务于建筑全生命周期，在规划阶段就必须将建设和运营维护所需的成本以及功能要求充分考虑在内。与此同时，设施管理将行为科学、工程技术、管理科学以及建筑科学等多种学科理论综合运用起来，把空间、人、流程结合起来共同管理。

在运营阶段，BIM技术对于工程项目的意义具体有以下几个方面。

（1）信息表达便捷化。利用BIM模型的可视化特点，通过相关软件便捷的输入和输出功能，可以轻松地使用操作系统运维管理。

（2）数据存储简捷化。使用BIM系统管理工作信息和模型，不仅能保证工程信息在运维阶段的传播，同时也可以确保数据存储无纸化、轻量化，查询信息方便快捷。

（3）数据关联同步化。BIM系统自动统计模型信息的特点，在维持运营管理信息和数据一致性方面作用很大。BIM模型的协作共享平台将建筑不同性质的数据表达出来，促进了各参与方相互之间的合作并满足了不同管理方面的需求，并最终达到有效利用空间的目的。

在运维阶段的各项管理系统中充分合理地运用BIM技术，对于建筑项目全生命周期的发展有着非常重要的影响和意义，这样我们才能便捷快递地实现运营阶段的高效管理。

（1）在空间管理方面，BIM技术主要应用于照明、消防等各系统和设备的空间定位上，获取各系统和设备空间位置信息，把原来的编号或者文字表示变成三维图形位置，直观形象且方便查找。

（2）在设施管理方面，BIM技术主要应用于设施的装修、空间规划和维护操作，还可对重要设备进行远程控制。对于隐蔽工程，BIM技术可以管理复杂的地下管网，如污水管、排水管、网线、电线以及相关管井，并且可以在图上直接获得相对位置关系。在改建或二次装修的时候可以避开现有管网位置，便于管网维修以及设备更换和定位。内部相关人员可以共享这些电子信息，发生变化时可随时调整，保证信息的完整性和准确性。

（3）在应急处理方面，BIM技术管理不会有任何盲区。在公共建筑、大型建筑和高层建筑等人流聚集区域，突发事件的响应能力非常重要。传统的突发事件处理仅仅关注响应和救援，而基于BIM技术的运维管理系统对突发事件的管理包括预防、警报和处理。以消防事件为例，该管理系统可以通过喷淋感应器感应信息；如果发生着火事故，在商业广场的BIM信息模型界面中，火警警报就会被自动触发；系统能够立即定位并显示着火区域的三维位置和房间，控制中心可以及时查询相应的周围环境和设备情况，这都能为及时疏散人群和处理灾情提供重要信息。通过BIM系统可以迅速确定设施设备的位置，避免了在浩如烟海的图纸中寻找信息，如果处理不及时，将酿成灾难性事故。

（4）在节能减排方面，BIM与物联网技术结合，使日常能源管理监控变得更加方便。通过安装具有传感功能的电表、水表、煤气表，可以实现建筑能耗数据的实时采集、传输、初步分析、定时定点上传等基本功能，且具有较强的扩展性。系统还可以实现室内温湿度的远程监测，分析房间内的实时温湿度变化，配合节能运行管理。管理系统还可以及时收集所有能源信息，并且通过开发的能源管理功能模块对能源消耗情况进行自动统计分析，比如各区域、各户主的每日用电量、每周用电量等，并对能源使用的异常情况进行警告或者标识。

## 三、应用案例

目前，中国建设量大、建筑业发展快，同时建筑业需要可持续发展，施工企业也面临更严峻的竞争。在这个背景下，国内建筑业与BIM结缘具有必然性。我国的BIM应用虽然刚刚起步，但发展速度很快，许多企业都有了非常强烈的BIM意识，出现了一批BIM应用的标杆项目，特别是在一些大型复杂的工程项目中，BIM得到了成功应用。

### 1.500米口径球面射电望远镜（FAST）

500米口径球面射电望远镜（Five-hundred-meter Aperture Spherical radio Telescope，FAST），位于贵州省黔南布依族苗族自治州平塘县大窝内的喀斯特洼坑中，被誉为"中国天眼"，由我国天文学家南仁东于1994年提出构想，历时22年建成，于2016年9月25日落成启用。FAST是由中国科学院国家天文台主导建设，具有我国自主知识产权，世界最大单口径、最灵敏的射电望远镜。

FAST口径500米，面积约30个足球场大小，而在工程师的图纸上，它是46万块三角形单元拼接而成的球冠形主反射面，内置可移动变位的复杂结构索网系统。与被评为人类20世纪十大工程之首的美国300米望远镜相比，其综合性能提高了约10倍，FAST将在未来20~30年保持世界领先地位。

FAST项目在"Be创新奖"上获得了"推进基础设施维度发展特别荣誉奖"和"结构工程领域创新奖"两项大奖，是BIM技术在建筑应用中的里程碑。以往的获奖项目多来自水电行业，而此时我国建筑行业BIM技术正得到广泛的推广应用，该项目的获奖意义重大。

FAST项目能够得以出色地完成并斩获大奖，分析其原因，主要有以下三点。

（1）项目自身结构体系先进，加之BIM技术的应用，并重视索网结构优化设计。通过利用三维可视化及优化分析技术对几千个节点进行优化，节省了很大的工作量，进而节省了大量经费。若采用传统方式，工程项目不仅具有很大的工作量，而且将耗费庞大的经费。

（2)FAST项目全过程使用BIM技术，且重点控制施工阶段。虽然该项目位于偏远山区，施工难度很大。但是，利用BIM技术模拟各施工阶段，施工方能够提前了解项目施工过程中应重点关注的问题，有助于后续施工进行进度及安全控制。

（3）基于BIM技术建立了施工全过程信息管理平台。梳理结构工程领域的BIM应用，将BIM模型、具体节点信息、进度信息、安全信息和专用图库等关键信息导入平台，转化成可直观理解、易于操作和实施的内容。基于Bentley协同设计平台的Project Wise管理平台由与各部门对接的子系统和云服务系统组成，主要负责各部门内和各部门之间信息及数据的交流和传递，直接影响 FAST 项目的工程进度和工程可靠性。因此针对该问题，可以专门配备 Project Wise 部门。其主要工作是根据其他部门上报的权限特点，并结合软件特点制定系统管理权限规则和维护系统的正常运作。Project Wise 管理平台通过数据接口从不同软件中对 FAST 项目的关键信息予以收集、更新、管理和应用，使 BIM 信息能够在各专业之间和上下游之间顺畅传递。系统将设计阶段的 BIM 模型交付给下游制造单位，直接用于二维深化制造图的生成和构件的数控加工；将设计阶段的 BIM 模型交付给下游施工单位，为施工阶段的管理和成本控制提供了坚实可靠的基础。BIM 模型延续到施工阶段，信息不断完善，充分发挥了 BIM 的价值。

Project Wise 管理平台协同设计，提供了一个多专业、多终端同时协同工作的环境，在设计过程中及时了解相关专业、方案的设计意图，使设计方可以用灵活、主动的方式完成设计过程，从而极大地提高工作效率。项目设计完成了馈源系统、格构圈梁系统、索系统和反射面系统的三维设计工作，完成的主要成果有馈源塔、馈源舱、格构柱、圈梁、索网、索盘、反射面方案的三维固化模型、二维切面图、三维设计图册、三维汇报视频等。

通过与 Project Wise 管理平台的结合，使原本需要 5 年的科研设计，在使用 ABD 三维设计模块后，设计时间缩短为 3 年，且设计错误率减少了 90%，同时设计深度增加了 50%。

基于 Project Wise 平台并结合 Bentley 相关软件和其他第三方软件，完成了对 FAST 的全生命周期 BIM 模拟，为实际工程节约资金 2000 万余元，缩短工期约 3 年。在应用软件的过程中，Bentley 软件在三维精确制图中的强大功能，为工程的顺利进行提供了条件。

### 2. 上海迪士尼乐园

上海迪士尼乐园超过 70% 的项目建设都基于 BIM 环境，这使大型项目得以同时开展，从而提升了效率。协同工作的项目团队能够利用 BIM 这种"生态系统"的资源共享、技术支持、合作机制及知识分享功能获益，项目应用 BIM 的另一个好处就是 BIM 帮助迪士尼管理团队有效整合项目各参与方及由此涉及的 140 多个不同专业领域。这也使上海迪士尼乐园在投标阶段就大幅减少了设计变更，通常情况下迪士尼管理团队遇到该类项目时的设计变更数量平均为 3000 个，而在该项目中只有 360 个。

无纸化倒逼施工现场管理阶段中大量的施工技术资料采用可视化及有序的方式进行管理，并且在此基础上对工程项目各个参与方的组织形式进行优化，让所有的施工成员都可以迅速地找到自己所需要的东西，并且可以让各个成员之间进行密切的配合，不会出现传统沟通方式下信息不对称造成的分歧、时间拖延等情况。无纸化还可以使沟通成本降到最低，工程参与者们可以在跨部门、跨专业的沟通过程中尽可能地保持配合的流畅，确保良好的施工进度节奏和技术实施落地程度，从而降低管理成本，推动项目产生效率，有利于从整体上对项目的各项质量指标和各项成本进行把控。

出于项目设计、施工一体化方面的考虑，无纸化平台在上海迪士尼工程项目的建设实践中得到了充分的应用。由于项目造型特异且钢结构复杂、施工精度要求高、业主要求严格，再加上项目大环境的特殊性，需按照迪士尼工程异于其他国内项目的技术标书进行。这些新技术、新方法的尝试，在实践中得到了很好的验证。项目集合汇集了各种前沿技术成果和多年管理经验，并在实施过程中不断地加以改善，对未来国内项目具有示范意义，同时对 BIM 技术在国内如何更好地推广和落地也起到了标杆作用。

上海迪士尼的标志性景点——奇幻童话城堡，成功应用了 BIM 技术，获得了美国建筑师协会的"建筑实践技术大奖"。借助 BIM 技术，迪士尼工程人员不用手拿图纸，带个 iPad 就可进行现场管理，三维视图让施工错漏一目了然，避免了返工浪费。

上海迪士尼奇幻童话城堡位于梦幻乐园的中心地块，是一座集娱乐、餐饮、会展功能于一体的主题建筑，该项目总建筑面积为 10510 平方米，建筑高度 21 米，最高塔顶高度 46 米，地下室面积约为 3000 平方米。奇幻童话城堡在 BIM 的应用上应该说是全方位的，从项目初期开始就完全通过 Revit 软件来建立模型，而不是像一般国内项目为配合施工过程管线综合来建立碰撞模型。城堡的 BIM 模型是完整的，各专业通过 BIM 技术进行协调设计，并最终完成出图，一切过程都搭建在 Revit 平台上。该项目空间不大，各专业系统错综复杂，较传统设计增加了许多新的系统，如水专业的水景管线，暖通专业的压缩空气以及电气专业满足娱乐设备的配电桥架。另外，业主对室内装饰严格控制，这使传统的二维绘图方式无法满足该项目的要求。因此，尝试基于 Revit 平台通过 BIM 技术的应用，为图纸绘制、管线综合、碰撞检测及施工指导提供了新的途径。

上海迪士尼奇幻童话城堡从一开始就是基于 Revit 平台设计的，因此需要用 Revit 出图。Revit 出图有两种方式：一种是将模型根据平面导出 dwg 文件，再将这些文件参照进 CAD 文件，添加标注后用 CAD 打印出图；另一种是基于 Revit 平台生成图纸后直接出图。两种方法各有优缺点，前者是用 CAD 平台，加标注较为简单直接，缺点是需要模型导出，如果模型修改了则无法实时反映到图纸中；后一种方法不存在同步的问题，但在生成图纸、增加标注的过程中会产生巨大的工作量。

作为建筑物主体工程，钢结构在 BIM 工作中占据着相当重要的地位，在 BIM 整合过程中，确定好大地坐标、定位轴线后，钢结构模型是最初的导入模型，其后融入其他模型。

通过 BIM 软件对施工进程的精确模拟，设计团队可以为度假区内许多建筑物及基础设施选择最佳设计方案，并整合施工进度计划。这些手段不仅有利于改善执行面的设计，而且能够最大限度地降低施工用料的消耗，减少对环境的影响。

### 3. 上海中心大厦

上海中心大厦是上海市的一座超高层地标式摩天大楼，其设计高度超过了附近的上海环球金融中心。项目面积为 433954 平方米，建筑主体为 118 层，总高为 632 米，结构高度为 580 米，机动车停车位布置在地下，可停放 2000 辆。2008 年 11 月 29 日，上海中心大厦进行主楼桩基开工。2016 年 3 月 12 日，上海中心大厦建筑总体正式全部完工。2016 年 4 月 27 日，上海中心大厦举行建设者荣誉墙揭幕仪式并宣布分步试运营。2017 年 4 月 26 日，位于大楼第 118 层的"上海之巅"观光厅起正式向公众开放。美国 SOM 建筑设计事务所、美国 KPF 建筑师事务所及上海现代建筑设计集团等多家国内外设计单位提交了设计方案，美国某建筑设计事务所的"龙型"方案中标，大厦细部深化设计以"龙型"方案作为蓝本，由同济大学建筑设计研究院完成施工图出图。

上海中心大厦作为标志性的超高层建筑体，依靠 3 个相互连接的系统保持直立。第一个系统是 90 英尺 ×90 英尺（约合 27 米 ×27 米）的钢筋混凝土芯柱，提供垂直支撑力。第二个系统是钢材料"超级柱"构成的一个环，围绕钢筋混凝土芯柱，通过钢承力支架与之相连。这些钢柱负责支撑大楼，抵御侧力。第三个系统是每 14 层采用一个 2 层高的带状桁架，环抱整座大楼，每一个桁架带标志着一个新区域的开始。

上海中心大厦存在机电系统数量庞大，大型设备数量多、分布广，设备垂直关联关系复杂，设施设备管理组织困难，空间相互交叉，各专业间需相互协调管理等一系列问题。经过充分的调研和思考，上海中心大厦自上而下地制定了完备的整体解决方案。利用先进的系统架构，通过接入将近 25 万个设备信息点，并且整合 BIM、IBMS、物业等业务系统，打通了各业务系统之间的业务流程。通过引入全周期的建筑信息模型（BIM），不仅在设计、施工阶段大量采用 BIM 信息化技术进行项目管理，更是在运维管理阶段将 BIM 信息模型与综合集成管理系统（IBMS）、设施设备管理系统、物业管理系统相整合，构建成绿色智慧的运营管理平台，形成集结构、系统、服务、管理于一体的、新型的超高层运维管理服务模式，实现对设施设备的 4D 实时动态监控管理，提高工作管理效率。通过 BIM 模型及静态属性信息、设施设备管理信息、设施设备实时状态信息、物业工作流程管理信息的融合，基于信息对比、分析、统计、数据挖掘等技术，为物业运营管理提供决策支持。构建运维 BIM 模型，根据运维需求定义各要素之间的专业逻辑关系，通过大数据分析，提供楼宇运行自适应解决方案等，提高运营管理效率，最终形成高效、绿色、节能、智慧、人文的超高层建筑管理模式。

主持该方案设计的美国建筑设计事务所一开始就在 BIM 环境下进行工作。整个 BIM 实施过程管控的核心团队只有 3 个人，他们负责监督整体项目交付及进度一致性。管控力的加强与重复性工作的减少，使上海中心大厦的施工只花了 73 个月就完成了 57.6 万平方米的楼面空间建设，比类似项目工期加快了 30%。

本项目由专业公司应用 BIM 技术来进行管线的进一步综合，BIM 的管线设计依据主要来源于管线综合施工图，而 BIM 报告的结果又作为管线综合施工图的修改依据。因此综合管线图会与 BIM 应用动态协调并保持一致。通过 BIM 技术的应用，可以在三维模型中调整各种碰撞，各专业均在可视化的窗口下进行管线调整，管线综合实在做不出来时，可以结合景观专业，通过调整覆土深度、局部改变景观造型等加以实现。当遇到需要进行重大调整的问题时，先提出预解决方案，各专业工程师相互协调，对三维模型进行调整，确定解决方案，待各专业确认后，再对模型进行修改。修改后与中心文件同步即可判断碰撞是否解决。因 BIM 调整具有直观性，在协调过程中，主要依靠 BIM 进行动态调整。设计师从规范、系统方面进行审核，施工方从现场条件、施工要求等方面进行复核，各参与方通力协作，有效及时地解决问题。

本项目也体现出了 BIM 技术在室外工程应用中存在的问题。

（1）族库尚需完善。虽然 Revit 自带族库，但是在设计过程中发现自带的族无法满足设计需要，如缺少管道连接方式及阀门、设备类型不全等，不能满足设计的需求。

（2）碰撞检测。除了对计算机硬件要求较高之外，Revit 的碰撞检测功能在实际应用中也会出现"未找到完好的视图"等情况，或者由于管线在有限的空间内上下层叠，实际应用过程中出现无法找到合适的视图显示管线碰撞点的情况，需要手动进行查找。

（3）BIM 设计师的专业技术水平有待加强。BIM 设计师一般仅是机电类专业中的某一专业或是计算机专业，对其他机电相关专业的理解水平有限，导致在建立模型时，不能进行管线的合理优化调整，很多时候需要各设计单位工种在一起协商解决，影响了工作效率。

（4）BIM 的介入时间非常重要。本项目室外工程的 BIM 介入时间比较晚，BIM 介入后，对很多管线进行了重新布置设计，这导致工作量大大增加。

（5）甲方或施工单位未能认识到 BIM 在室外工程应用中的作用，一般仅做室内管线的 BIM 设计，室外管线的 BIM 技术应用非常少。

（6）BIM 设计在国内已不是一项新技术，设计行业一直把 BIM 看成行业革新的发起者。然而 BIM 从 2002 年进入中国至今已有十几年时间，人们都承认这是一项好技术，但是在项目推进过程中，BIM 模型往往没有取得应有的效果，很多施工方基于自身利益考虑抵触 BIM 的应用，有些项目中 BIM 并不用于指导施工，仅仅是形式而已。

### 4. 北京凤凰国际传媒中心

凤凰国际传媒中心项目位于北京朝阳公园西南角，占地面积 1.8 公顷，总建筑面积为 6.5 公顷，建筑高度为 55 米。建筑的整体设计逻辑是用一个具有生态功能的外壳将能够独立维护使用的空间包裹在里面，体现了楼中楼的概念，两者之间形成了许多共享型公共空间。在东西两个共享空间内，设置了连续的台阶、景观平台、空中环廊和通天的自动扶梯，使整个建筑充满了动感和活力。

　　建筑造型取意于"莫比乌斯环"，这一造型与不规则的道路方向、转角以及朝阳公园形成和谐的关系。连续的整体感以及柔和的建筑界面和表皮，展现了凤凰传媒的企业文化形象的拓扑关系，而南高北低的体量关系，既为办公空间创造了良好的日照、通风、景观条件，避免了演播空间的光照与噪声问题，又巧妙地避开了对北侧居民住宅的日照遮挡。此外，整个建筑也体现了绿色节能和低碳环保的设计理念。建筑外形光滑，没有设一根雨水管，表皮的雨水顺着外表的主肋被导向建筑底部连续的雨水收集池，经过集中过滤处理后用于提供艺术水景及庭院浇灌。建筑具有单纯柔和的外壳，除了其自身的美学价值之外，也有缓和北京冬季高层建筑所带来的强烈的街道风效应的作用。建筑外壳同时又是一件"绿色外衣"，它为功能空间提供了气候缓冲空间。建筑的双层外皮很好地提高了功能区的舒适度，并降低建筑能耗。设计者利用数字技术对外壳和实体功能空间进行量体裁衣，精确地吻合彼此的空间关系。利用 30 米的高差和下大上小的烟囱效应，在过渡季中，共享空间可以形成良好的自然气流组织，节省能耗。

　　2008 年，BIM 还不像现在这么普及。该建筑形体是非线性的——迫使项目团队寻求全新的工作方法及后续的更详细的 3D 模型。当时，方案在实施方面遇到了一些困惑。这个外壳设计通过二维图纸已经无法展现了。幕墙部分由3100 多块组成，每一块幕墙都是不同的，根本不可能逐一画出来。而钢结构也有几万米的长度，每段都不同，尽管外观界面一样粗，但因为受力面不同，每一段都存在差异。

　　通过 BIM 软件可以有效地解决设计和施工中存在的问题。项目利用 BIM技术在虚拟环境中对建筑进行信息模拟的数字化模型，包含具体而精确的建筑信息，建筑师可以不通过二维图纸的信息转换直接在三维数字平台中进行复杂形体建筑的创建和调整。对于复杂形体建筑中存在的众多二维表达所不能描述的复杂空间及复杂几何信息，利用 BIM 三维可视的特点，可以对其效果进行先期验证。因此，项目的 BIM 模型是与项目的设计同时建筑构件的建造、生产同步更新的，这使所有建筑构件的完成效果与模型控制效果一致。

BIM 模型中所有建筑系统及其所包含的建筑构件的数据信息均严格依据一套复杂的几何定义规则建立，使这些数据信息具有可描述、可调控、可传递的特征，为后续的设计优化调控和设计信息的准确传达奠定了基础。可描述的数据是指自由曲线和不规则形体在三维空间中通过矢量化方式得到定义，保证组成图形的每个几何元素都具有精确的数据信息，这些信息能够通过条件预设得到有计划的输出。可控制的数据是指在几何图形以矢量化得到描述后，通过参数预设进行人工控制，以达到理想的设计凤凰中心几何控制系统本身的建构就是基于可调整的参数化技术完成的。可传递的数据指描述物体的矢量化几何信息能够转化成为某种通用格式，成为信息传递的前提。在设计过程中，建筑专业为结构专业提供的外壳钢结构梁的几何中心线作为结构计算模型的基础，极大地提高了结构计算的精准度。

高质量的建筑信息模型使建筑师不必再凭借抽象思考进行设计，建筑模型中的复杂关系，尤其是不规则曲面构件间的位置关系、比例尺度都与现实建造保持一致，建筑师可以在虚拟环境下真实解决建造问题，进行美学推敲和空间体验。这一技术手段大大提高了复杂形体的设计效率，同时保证了最终设计成果的精度，推动了 BIM 在建筑设计中的作用。

### 5. 中国尊

中国尊，位于北京商务中心区核心区域，项目用地面积 11478 平方米，总建筑面积 43.7 万平方米，其中地上 35 万平方米，地下 8.7 万平方米，建筑总高 528 米，建筑层数地上 108 层、地下 7 层（不含夹层），可容纳 1.2 万人办公，为中信集团总部大楼，预计总投资达 240 亿元。

中国尊项目从破土动工至今已创造了多项纪录：基坑深 40 米；地下 8 层（7层和 1 个夹层）；国内底板混凝土一次性浇筑方量最大，达 5.6 万立方米；世界首个在 8 度抗震区建造的超 500 米摩天大楼；该项目所采用的智能顶升钢平台是世界房建施工领域面积最大、承载力最高、大型塔机一体化的超高层建筑施工集成平台。创造了如此多的纪录，BIM 技术功不可没。

中国尊项目采用 Project Wise 作为项目工作和交互的基础平台，该平台同时承担本公司内部的设计工作以及业主、施工方、顾问方的信息数据流转工作。项目的设计过程是按照设计模式的工作系统划分进行的,其建筑设计控制系统是决定项目BIM模型的结构、分类、层级以及设计团队、文件、管理等内容的共同的内在逻辑依据,也是项目施工、监理、使用、维护等工作的参考逻辑依据,由此设计制定了项目设计手册和项目编码手册,并成为BIM工作在设计阶段的标准依据。同时,项目还聘请了国际一流的幕墙、照明、交通、景观等专业设计顾问公司,涉及部门众多,包括设计、设计顾问和专项顾问。在设计阶段,相关方已包含全球40多家公司和部门。而BIM的应用需要协调各方的BIM模型,将各方的BIM模型数据进行整合协调,以完成项目设计各方在BIM层面上的协同工作。

在一个项目中BIM的应用需要各种软件的配合使用,只采用一种软件或一个厂商的软件产品都是不切实际的。仅仅建立模型这一过程,不同的专业就需要采用不同的软件,同一专业在不同的阶段也会根据需要选取不同的软件。

(1)Autodesk Revit:负责主体建筑、结构、机电模型的建立。

(2)Catia:提供sat格式交换文件,负责部分内部建筑构件建模,包含楼梯、扶手,通过体量导入Revit模型。

(3)Tekla:负责钢结构建模,提供ifc格式交换文件,导入Revit体量文件。

中国尊项目的业主对应用BIM的目标很明确:加快建设进度,缩短工期、降低成本,为大楼运维提供数据基础。这也是中国尊的BIM工作可以顺利展开的基础。从实施过程来看,BIM不是一个专业、一个公司的事情,需要项目全体相关方参与,即使是在设计阶段,做好BIM工作也不仅仅是设计方的事情。从这个角度上说,BIM的协调和整合工作越来越重要。也许可以这样理解,项目实施BIM的过程,本质上是协调的过程,包括对流程的协调、对各方知识的协调、对数据信息的协调。随着技术的不断进步,标准化的不断推进,这个过程将会越来越顺利。

在项目的开发建设中,BIM技术的引入是从业主方的项目管理需求开始的,完成了整体策划和初步设计阶段的BIM成果。从BIM技术在项目中的应用实践这个角度看,在技术与管理的协同层面,更加容易理解BIM的价值。但从项目管理这个角度来看,BIM技术对应的项目管理模式是整体交付模式,即IPD(Integrated Project Delivery),只有从"零和博弈"理念下的契约关系转变为"多赢"理念下的伙伴关系，通过系统集成和充分协同才能充分发挥BIM的价值。在中国现行的建筑管理体制下，EPC项目管理模式仍然无法实施，因此，对单个项目而言，BIM技术的有效推动力量主要来自业主，业主对项目管理的整体规划非常重要。要做到设计本身的各个阶段及设计阶段与施工阶段的"无缝衔接"，需要在管理流程和管理模式上有所创新，但这种创新的压力不仅来自惯性思维的制约，还受制于建设管理体制的制约，需要全社会、全行业共同推进。

### 6. 成都绿地中心

成都绿地中心项目位于成都东部新城文化创意产业综合功能区核心区域，总占地面积为30万平方米，规划总建筑面积约138万平方米，总投资规模达120亿元，配套住宅用地为219亩，规划建设成为高品质居住社区。成都绿地中心是绿地集团计划用5年时间打造的一个集甲级写字楼、国际会议中心、品牌商业、星级酒店、文化娱乐街区、创意产业园区等于一体的大型现代服务业综合项目。中心主塔的高度将达到前所未有的468米。

本项目依托鲁班BIM系统生成的BIM模型，实现了模型自动化处理、钢结构数字化建造、资源集约化管理、工程可视化管理、施工过程信息智能管理。在具体实施应用中，有效解决了施工中遇到的难题。利用BIM多专业模型整合，已累计校核及提供各专业疑问1100余项、协调及组织解决400余项，解决净高不足83处、重点节点深化152处、避免洞口错开130处，BIM成果累计达3000余项。为了保证根基施工的准确性，在基础施工前对筏板图纸进行深化，累计优化34处，关键线路每处至少节省工期0.5个工作日，合计节省工期近16天。

通过互相协调合作，该项目将BIM技术落地于实际施工指导，并在以上运用点以外进行了其他相关的应用，如垂直运输方案模拟分析、地下室结构与围护结构施工作业预警分析、基于BIM系统多专业协同应用、交叉作业风险分析等，以上BIM技术的深入应用，使建设项目能够更加顺利地进行，更好地实现了对项目工期、质量、成本三大目标的管控。

# 第二节　BIM 结构设计工具

设计阶段中结构设计和建筑设计紧密相关，结构专业除需要建立结构模型与其他专业进行碰撞分析之外，更侧重于计算和结构抗震性能分析。根据结构设计中的使用功能不同主要分为三大类。

### 1. 结构建模软件

以结构建模为主的核心建模软件，主要用来在建筑模型的轮廓下灵活布置结构受力构件，初步形成建筑主体结构模型。对于民用住宅和商用建筑常用 Revit Structure 软件，大型工业建筑常用 Bentley Structure 软件。

### 2. 结构分析软件

基于 BIM 平台中信息共享的特点，BIM 平台中结构分析软件必须能够承接 BIM 核心建模软件中的结构信息模型。根据结构分析软件计算结果调整后的结构模型也可以顺利反馈到核心建模软件中进行更新。目前与 BIM 核心建模软件能够实现结构几何模型、荷载模型和边界约束条件双向互导的软件很少。能够实现信息几何模型、荷载模型和边界约束条件最大限度互导的软件也是基于同系列软件之间，如 Autodesk Revit Structure 软件和 Autodesk 公司专门用于结构有限元分析的软件 Autodesk Robot Structure Analysis 之间。在几何模型、荷载模型和边界约束条件之间的数据交换基本没有较多的错误产生。在国内，Robot 参与了上海卢浦大桥、卢洋大桥、深圳盐田码头工程、上海地铁、广州地铁等数十个国家大型建设项目的结构分析与设计。上海海洋水族馆、交通银行大厦、深圳城市广场、南宁国际会议展览中心等优质幕墙结构分析中也有 Robot Structure 的突出表现。但由于 Robot 在我国缺乏相应的结构设计规范，因此在普通民用建筑结构分析领域中较难推广。

其他常见软件也可以在不同深度上实现结构数据信息的交换，如 ETABS、Sap2000、Midas 以及国内的通用结构分析软件 PKPM 等。

其中，为了适应装配式的设计要求，PKPM 编制了基于 BIM 技术的装配式建筑设计软件 PKPMPC，提供了预制混凝土构件的脱模、运输、吊装过程中的计算工具，实现整体结构分析及相关内力调整、连接设计，在 BIM 平台下实现预制构件库的建立、三维拆分与预拼装、碰撞检查、构件详图、材料统计、BIM 数据直接接生产加工设备。PKPMPC 为广大设计单位设计装配式住宅提供设计工具，提高设计效率，减小设计错误，推动了住宅产业化的进程。

### 3. 结构施工图深化设计软件

结构施工图深化设计软件主要是对钢结构节点和复杂空间结构部位专门制作的施工详图。20 世纪 90 年代开始 Tekla 公司产品 Tekla Structure（Xsteel）软件开始迅速应用于钢结构深化设计。该软件可以针对钢结构施工和吊装过程中的详细设计部位自动生成施工详图、材料统计表等。Xsteel 软件还支持混凝土预制品的详细设计，其开放的接口可以实现与结构有限元分析软件进行信息互通。

# 第三节　基于 BIM 的结构设计关键技术

## 一、传统结构设计

目前国内传统的工程设计，主要是在 CAD 的基础上进行的，按照二维的设计理念和方法进行各专业的工程设计，最终将设计的二维施工图样作为设计成果供施工单位使用。在结构设计中，结构施工图设计和结构计算是两个不关联的环节，当发生设计变更，重新进行结构计算时，就要重新进行结构施工图设计，增加了大量重复的改图工作量。传统结构设计主要分为三个阶段：方案设计阶段、初步设计阶段和施工图设计阶段。

### 1. 方案设计阶段

在方案设计阶段主要由结构专业负责人实地踏勘，收集地质相关资料，了解业主需求，再根据建筑专业负责人提供的初步方案设计依据及简要设计说明，综合研究分析后，向建筑专业提出相关方案调整意见，作为建筑专业初步设计阶段的设计依据。这一阶段，结构专业的主要作用是详细了解项目相关影响结构设计的主要因素，结合设计经验，选择相对合理的结构设计方案，再配合建筑专业为他们提供设计依据，最后制订完整的项目方案，用于设计单位作为项目投标的主要内容。在方案设计阶段，结构专业一般没有具体图样，但是要有结构设计方案说明，准确简洁地说明所选择的结构设计方案的合理性和可行性。

### 2.初步设计阶段

在初步设计阶段主要由结构专业负责人首先接收建筑专业方案设计评审意见等资料，经研究分析后确定项目主要结构体系。下一步接收其他各专业的设计资料，了解主要设备尺寸及质量等条件，并开始进行结构设计初步工作。此阶段还需要结构专业在确定主要结构体系后，向各专业反馈修改意见及初步估算的主要结构构件基本位置和控制尺寸范围等有效资料，作为各专业的设计依据。这一阶段结构专业应尽量确定多种结构构件基本尺寸范围，确定后的结构体系不宜再修改变动，为施工图设计阶段的设计和绘制施工图工作做好充分的准备。

### 3.施工图设计阶段

结构专业在施工图设计阶段的主要工作是对建筑结构进行分析计算，再根据计算软件输出的结果对结构构件进行合理的配筋，并对部分结构构件的设计不合理之处进行细微的调整。这一阶段工作任务较重且需要反复与各专业间互提设计资料以确保结构设计准确，以免与各专业设计发生碰撞。施工图绘制完毕后，设计人员需要先对设计进行自检，认真查看计算条件输入是否正确、结构构件配筋是否符合标准、构件尺寸标注是否完整、设计说明是否遗漏、设计图布局是否合理等。自检完成后，将施工图打印成白图，结构计算书打印成册，交给校对负责人进行校对并沟通交流，然后对设计图按照意见认真修改、反复修改和再校对合格后，将完整设计图和计算书交给审核人进行审核签字，最后施工图出图，将结构设计专业全部设计文件归档保存。

## 二、基于 BIM 的结构设计

为提高传统建筑结构设计质量，应用 BIM 技术势在必行，通过对 BIM 技术应用于结构设计中的分析，利用 BIM 技术的主要特点和优势对传统结构设计做出适当的优化。

基于 BIM 技术的结构设计只需要建立一个模型，不同阶段不需要重复建模，而是将各自的设计信息通过工作集的方式高度集成于同一模型中，开展协同设计，便于随时随地地交流设计意见，减少变更，从而消除传统意义上的"信息断层"问题，进一步提高设计效率。

### 1. 方案设计阶段

基于 BIM 的结构方案设计阶段的流程。

结构专业首先根据建筑专业提交的方案模型，结合项目实际结构设计基本条件，开始进行结构方案设计建模。方案模型建模完成后，对结构模型进行计算分析，根据分析结构对结构设计进行调整和修改，再进行审核。然后各专业的方案模型数据汇总组合，专业间根据汇总模型进行设计协调并调整和修改，进入初步设计阶段。

### 2. 初步设计阶段

进入结构初步设计阶段后，结构专业和建筑专业及其他专业首先互相提交方案模型，然后根据其他各专业的方案模型并结合项目实际地勘报告情况和荷载信息开始进行结构初步设计建模。建模过程中，结构专业和其他专业还需要随时互提设计模型，根据其他专业的设计模型进行结构构件位置和尺寸初步设计及设备孔洞的初步预留。初步设计模型完成后，对结构模型进行计算分析，根据分析结果对结构设计进行调整和修改，再进行审核。接着将各专业的初步设计模型数据进行汇总整合，专业间根据汇总模型进行设计协调并对模型设计进行调整和修改，然后进入施工图设计阶段。

### 3. 施工图设计阶段

进入结构施工图设计阶段后，各个专业主要工作仍然是互相提交初步设计模型，然后根据其他各专业的初步设计模型并结合项目实际的地基条件、风荷载、雪荷载、地震动参数等，开始进行结构施工图设计建模。建模过程中，结构和其他专业还需要随时互提设计模型，进行结构构件位置和尺寸精确设计及设备孔洞的精确预留。施工图设计模型完成后，对结构模型进行计算分析，并根据分析结果对结构设计进行调整和修改，再校对审核。然后对各专业的设计模型数据进行汇总整合，专业间根据汇总模型进行设计协调并调整和修改，完成结构施工图设计模型。由结构施工图设计模型直接生成部分二维施工图，通过二维软件对结构构件和复杂节点等细节处进行施工图深化设计。深化设计后对结构施工图设计模型和二维施工图进行校对审核，最后交付。

### 三、传统的结构设计与基于 BIM 的结构设计的对比

传统的结构设计是一种基于二维图档的工作模式。首先通过建筑图样初步了解建筑方案；其次利用结构建模软件，按照建筑图样进行结构建模，通过布置荷载、设置参数，建立结构设计模型；然后调整设计参数，进行分析计算；再进行结构校核，并反馈给建筑设计；最后绘制结构施工图。由于二维图之间缺乏关联性，因此难以保证信息的一致性。

基于 BIM 的结构设计在设计流程上不同于传统的结构设计，产生基于模型的综合协调环节，弱化设计准备环节，增加新的二维视图生成环节。

基于 BIM 的结构设计与传统结构设计相比，在工作流程和信息交换方面会有明显的改变。

从工作流程角度来看，主要是在整个设计流程中基于 BIM 模型进行专业协调，从而避免专业之间的设计冲突；基于模型生成的二维视图的过程替代了传统的二维制图，使得设计人员只需要重点专注 BIM 模型的建立，而不需要为绘制二维图纸耗费过多的时间和精力。

从信息交换的角度来看，主要是结构方案设计可以集成建筑模型，完成主要结构构件布置；也可以在结构专业软件中完成方案设计，然后输出结构BIM 模型。

# 第四节　预制构件库的构建及应用

## 一、入库的预制构件分类与选择

### 1.预制构件的分类方法

预制构件分类是预制构件入库和检索的基础，为使预制构件库使用方便，需依据分类建立构件库的存储结构，形成有规律的预制构件体系。

（1）按结构体系进行构件分类

装配式混凝土结构体系分为通用结构体系和专用结构体系。通用体系包含

框架结构体系、剪力墙结构体系和框架—剪力墙结构体系。专用体系是在通用体系的基础上结合建筑功能发展起来的，如英国的 L 板体系、德国的预制空心模板体系、法国的结构体系等。目前，各地都开发了很多装配式混凝土结构体系，如江苏省研发了众多装配式混凝土结构体系并已经在一定程度上得到推广。

1）预制预应力混凝土装配整体式框架体系（SCOPE）

预制预应力混凝土装配整体式框架体系（以下简称 SCOPE）是南京大地集团引自法国的结构体系，采用先张法预应力梁和叠合板、预制柱，通过节点放置的 U 形筋与梁端键槽内预应力钢绞线搭接连接，并后浇混凝土形成整体装配框架。该体系分为三种类型：采用预制混凝土柱、预制预应力混凝土叠合梁板，并在节点处后浇混凝土的全装配混凝土框架结构；采用现浇混凝土柱、预制预应力混凝土叠合梁板的半装配混凝土框架结构；仅采用预制预应力混凝土叠合板的适合各类型建筑的结构。SCOPE 主要应用在多层大面积建材城、厂房等框架结构，2012 年试点建造了南京的 15 层预制装配框架廉租房。

2）预制混凝土体系（PC）和预制混凝土模板体系（PCF）

该体系是由万科集团向我国香港和日本学习的预制装配式技术，PC 技术就是预制混凝土技术，墙、板、柱等主要受力构件采用现浇混凝土，外墙板、梁、楼板、楼梯、阳台、部分内隔墙板都采用预制构件。PCF 技术是在 PC 技术的基础上将外墙板现浇，外墙板的外模板在工厂预制，并将外装饰、保温、窗框等统一预制在外模板上。

3）新型预制混凝土体系（NPC）

中南集团引进澳大利亚的预制结构技术，并将其改造成 NPC 技术。此体系为装配式剪力墙体系，竖向采用预制构件，水平向的梁、板采用叠合形式，下部剪力墙预留钢筋插入上部剪力墙预留的金属波纹管孔内，通过浆锚钢筋搭接连接。该体系的应用是在江苏南通海门试点建造了 9 幢 7 层住宅、4 幢 10 层住宅、1 幢 17 层住宅。

4）叠合剪力墙结构体系

此体系是元大集团引进德国的双板墙结构体系，由叠合梁板、叠合现浇剪力墙和预制外墙模板组成，叠合板为钢筋桁架叠合板，叠合现浇剪力墙由两侧各为 50mm 厚的预制混凝土板通过中间的钢筋桁架连接，并现浇混凝土而成。

该体系的应用是 2012 年在江苏宿迁施工 11 层的试点住宅楼。

5）宜兴赛特新型建筑材料公司研发的新型体系

宜兴赛特新型建筑材料公司自主研发了预制装配框架结构及短肢剪力墙体系。预制梁、柱采用梁端与柱芯部预埋型钢的临时螺栓连接，并在节点现浇混凝土；预制墙顶及墙底预埋型钢，通过螺栓临时连接，并现浇混凝土。该体系的应用是 2012 年宜兴市拆迁安置小区建造了一幢装配短肢剪力墙安置房。

（2）按建筑结构内容进行构件分类

预制构件还可以根据建筑、结构、设备的功能综合细分，其侧重点不同。如按建筑结构综合划分可分为地基基础、主体结构和二次结构。

1）地基基础：场地、基础。

2）主体结构：梁、柱、板、剪力墙等。

3）二次结构：围护墙、幕墙、门、窗、天花板等。

## 2.预制构件的选择策略

入库的预制构件应保证一定的标准性和通用性，才能符合预制构件库的功能。预制构件首先应按照现有的常用装配式结构体系进行分类，如上文所述，对于不同的结构体系主要受力构件一般不能通用，如日本的 PC 预制梁为后张预应力压接，而结构体系的梁为先张法预应力梁，采用节点 U 形筋的后浇混凝土连接，可见不同体系的同种类型构件的区别很大，需要单独进行设计。但是，某些预制构件是可以通用的，如预制阳台。

对于分类的预制构件，应统计其主要控制因素，忽略次要因素。对于预制板，受力特性与板的跨度、厚度、荷载等因素有关，可按照这三个主要因素进行分类统计。如预应力薄板，板跨按照 300mm 的模数增加，板厚按照 10mm 的模数增加，活荷载主要按照 2.0kN/m²、2.5kN/m²、3.5kN/m² 三种情况统计，对预应力薄板进行统计分析，制作成预制构件并入库，方便直接调用。而对于活荷载超过这三种情况均需单独设计。对梁、柱、剪力墙而言，其受力相对于板较复杂，所以构件的划分应考虑将预制构件统计，并进行归并，减少因主要控制因素划分细致导致的构件种类过多，以此得到标准性、通用性强的预制构件。

在未考虑将预制构件分类并入库前，前述的分类统计在以往的设计过程中往往制作成图集来使用，在基于 BIM 的设计方法中不再采用图集，而是通过建立构件库来实现,并通过实现构件的查询和调用功能,方便预制构件的使用。入库的预制构件应符合模数的要求,以保证预制构件的种类在一定和可控的范围内。预制构件根据模数进行分类不宜过多,但也不宜过少,以免无法达到装配式结构在设计时多样性和功能性的要求。

## 二、预制构件的编码、信息分级与信息创建

### 1. 预制构件的编码

预制构件的分类和选择,只是完成了预制构件的挑选,但是构件入库的内容尚未完成。预制构件库以 BIM 理念为支撑,BIM 模型的重点在于信息的创建,预制构件的入库实际是信息的创建过程。构件库内的预制构件应相互区别,每个预制构件需要一个唯一的标识码进行区分。预制构件入库应解决的两部分内容是预制构件的编码与信息创建。

### 2. 预制构件信息深度分级

基于 BIM 的预制构件的编码只是为了区分各构件,便于设计和生产时能够识别各构件,而真正用于设计和构件生产、施工的是预制构件的信息。因此,BIM 预制构件的信息创建是一项重要的任务。在传统的二维设计模式中,建筑信息分布在各专业的平、立、剖面图中,各专业图的分立导致建筑信息的分立,容易造成信息不对称或者信息冗杂问题。而在 BIM 设计模式下,所有的信息都统一在构件的 BIM 模型中,信息完整且无冗余。在方案设计、初步设计、施工图设计等阶段,各构件的信息需求量和深度不同,如果所有阶段都应用带有所有信息的构件运行分析,会导致信息量过大,使分析难度太大而无法进行。因此,对预制构件的信息进行深度分级是很有必要的,工程各设计阶段采用各自需要的信息深度即可。

### 3. 预制构件的信息创建方法

预制构件的信息创建应以三维模型为基础,添加几何信息和非几何信息。信息的创建包含构件类型确定及编码的设置、创建几何信息、添加非几何信息、构件信息复核等内容。

建筑全生命周期内预制构件的信息创建过程可分为两个阶段:预制构件库的信息创建;工程 BIM 模型中的构件生产、运输和后期维护阶段的信息添加。

预制构件库是一个通用的库，在工程设计中，根据需要从构件库中选取构件进行 BIM 模型的设计，添加深化设计信息等，当无任何问题时，将 BIM 模型交付给施工单位用于指导预制构件的生产、运输和施工，这些环节中的信息及后期运营维护的信息均添加到此工程的 BIM 模型中，并上传到该工程的信息管理平台上。所以，预制构件库的信息创建过程集中在第一阶段，并一次创建完成；而预制构件深化设计信息、生产厂家信息、运输信息、后期的运营维护信息等均需添加在工程的 BIM 模型构件中，不能添加到预制构件库的预制构件中。显然，信息的添加是一个分段的动态的过程。工程 BIM 模型中的预制构件存储的信息很明显包含预制构件库中对应预制构件的所有信息，工程 BIM 模型中预制构件是通过调用构件库中的预制构件并添加信息得到的，添加信息时可以考虑之前未考虑的次要因素。因此，在创建预制构件的信息时应留足相应的信息设置，为工程 BIM 模型中的信息添加留出扩展区域。

预制构件信息创建的过程中，构件可以通过添加深化设计等信息重复调用到多个工程的 BIM 模型中，这说明预制构件具有一定的可变性。预制构件通过参数进行变化，具有一般的 BIM 核心建模软件中族的特性，但它与族又有本质区别：它的外形参数等只能在一定范围内，而且预制构件还含有诸如钢筋用量信息等相互区别的信息。

## 三、预制构件的审核入库与预制构件库的管理

### 1. 预制构件的审核入库

当预制构件的编码和信息等创建后，审核人员需对构件的信息设置等逐一进行检查，还需将构件的说明形成备注，确保每个预制构件都具有唯一对应的备注说明。经审核合格后的构件才可上传至构件库。

预制构件的审核标准应规范统一，主要审核预制构件的编码是否准确，编码是否与分类信息对应，检查信息的完整性，保证一定的信息深度等级，避免信息深度等级不足导致预制构件不能用于实际工程。同样也要避免信息深度等级过高，所含有的信息太细致，导致预制构件的通用性较低。

### 2. 预制构件库的管理

基于 BIM 的预制构件库必须实现合理有效的组织，以及便于管理和使用

的功能。预制构件库应进行权限管理，对于构件库管理员应具有构件入库和删除的权限，并能修改预制构件的信息，对于使用人员，则只能具有查询和调用的功能。构件库的管理，主要涉及的用户有管理人员和使用人员。使用人员分为本地客户端、网络用户客户端、构件网用户。

本地构件库中心应具有核心的构件库、构件的制作标准和审核标准等。管理人员应拥有最大的管理权限，能够自行对构件进行制作，并从使用人员处收集构件入库的申请，并对入库的构件进行审核。管理人员可对需要的构件进行入库，对已有的预制构件进行查询，并对其进行修改和删除操作。本地客户端不需要通过网络链接对构件库进行使用，用户的权限比管理员的权限低，只具有构件查询、构件入库申请及用于 BIM 模型建模的构件调用的权限。网络用户端同本地用户端具有相同的权限，需要通过网络使用构件库。客户端是一个桌面应用程序，安装运行，通过网络或本地连接使用构件库。此外，网络上的构件网可以提供其他用户进行查询和构件入库申请的功能，但不能进行构件调用的操作。

## 四、基于 BIM 的预制构件库的应用

由前文论述可知，预制构件库是基于 BIM 的结构设计方法的核心，整个设计过程是以预制构件库展开的。在进行结构设计时，首先需要根据建筑设计的需求，确定轴网标高，并确定所使用的结构体系，再根据设计需求在构件库中查询预制梁柱，注意预制梁柱的协调性，再布置其他构件，如此形成 BIM 结构模型，完成预设计。预设计的 BIM 模型需进行分析复核，当没有问题时此 BIM 模型就满足了结构设计的需求，结构的设计方案确定。不满足分析复核要求的 BIM 模型需从预制构件库中挑选构件替换不满足要求的预制构件，当预制构件库中没有合适的构件时需重新设计预制构件并入库。对调整过后的 BIM 模型重新分析复核，直到满足要求。确定了结构设计方案的 BIM 模型需进行碰撞检查等预装配的检查，当不满足要求时需修改和替换构件，满足此要求的 BIM 模型既满足结构设计的需求，又满足装配的需求，可以交付指导生产与施工。整个设计过程中，预制构件库中含有很多定型的通用的构件，可以提前进行生产，以保证生产的效率。因为预制构件库的作用，生产厂商不需要担心提前生产的预制构件不能用在项目结构中，造成生产的预制构件浪费的情况。

对预制构件库的管理系统而言，用户可以通过客户端对预制构件进行调用，并进行工程 BIM 模型的创建。BIM 模型作为最后的交付成果，预制构件的选择起了很大作用，而构件库的完善程度决定了基于 BIM 的结构设计方法的可行性和适用性。当预制构件库不完善时，要想设计符合用户需求的建筑，难度较大，需要单独设计构件库中还未包含的预制构件。

综上所述，BIM 技术为未来建筑发展方向，以 Revit 为基础，建立基于 BIM 的构件库，一方面，可以将设计常用的结构构件进行归并，以达到简化构件的目的；另一方面，将厂家可生产的构件录入，以方便设计人员进行选取。构件库建立之后，设计人员即可按照构件库中已有的构件进行设计和后续的建模，既方便设计，又有利于指导后期的可视化施工。

# 第七章　BIM 在装配式构件生产中的应用

　　预制构件生产中需要进行生产作业计划编制、调整等多项决策，还需要对进度、库存、配送等大量信息进行管理。目前，相关企业开始采用企业资源计划（Enterprise Resource Planning, ERP）系统进行生产作业计划及生产过程管理。然而基于一般生产过程开发的 ERP 系统，直接应用于预制构件生产管理存在下列问题：首先，利用 ERP 系统进行生产管理时需人工输入大量数据，效率低下且容易出错。其次，ERP 系统智能化程度较低，决策过程依然需要大量的人工干预，且难以考虑预制构件生产特点，导致决策优化程度较低，成本增加、效率降低。最后，缺乏有效的预制构件跟踪方法，只能通过定期收集的产出信息跟踪生产，生产信息时效性低下，导致生产管理较为被动并难以有效地发现生产中的潜在问题并防止问题扩大化。BIM、GA、RFID 等先进技术为解决以上问题提供了可能。斯洛文尼亚学者基于 BIM、RFID 技术与 ERP 系统开发了预制构件跟踪管理系统，实现了设计、生产和施工过程中构件相关信息的集成管理与预制构件跟踪管理。熊诚等人基于 BIM 技术开发了 PC 深化设计、生产和建造环节管理平台，实现了基于库的预制构件参数化深化设计和生产吊装跟踪管理，提升了设计和信息管理效率。Yin 等人基于移动计算技术开发了预制构件生产质量管理系统，实现了生产现场质量管理，避免了二次信息录入。因此，本章将从构件生产的各流程出发分析 BIM 技术在构件生产各环节的运用并发掘其存在的潜在价值。

## 第一节　预制构件生产流程

　　预制构件生产阶段是指设计阶段之后，生产方按照设计结果，利用一定的生产资源（如劳动力、生产器械及生产原料等），按照规范和工艺要求，组织并管理生产，最终向施工单位交付预制构件和相关材料的整个过程。

为系统分析目前国内外信息技术特别是 BIM 技术在预制构件生产阶段的应用研究情况，本书在对相关文献进行的分析和实际调研的基础上对预制构件生产阶段进行了细分。首先，从整体角度分析了预制构件生产阶段的输入输出及限制条件，建立了阶段整体模型；其次，依据主要的阶段性子目标（深化设计结果、生产方案、预制构件、构件交付）将预制构件生产阶段细分为深化设计、生产方案确定、生产方案执行、库存与交付 4 个子阶段；最后，对每个子阶段的主要工作内容进行了分类与概括，建立了预制构件生产阶段细分模型。

## 一、深化设计

由于难以全面掌握生产施工现场具体情况，设计方提供的设计结果通常无法达到生产与装配的细度要求，生产方需要在各专业设计结果基础上进行深化设计，即依据相关规范，结合生产、运输与施工实际条件，对设计结果进行补充完善，形成可实施的设计方案。例如，建筑的外挂墙板常采用先进的流水线进行生产，单块预制墙板的质量、几何尺寸等参数要受到采用的生产方案和生产方生产能力的限制。由于设计阶段生产方案还没有确定，且设计方通常难以全面把握这些生产限制条件，设计结果中外挂墙板常以不进行拆分的整体形式呈现。生产单位拿到设计结果之后，应该依据具体条件进行深化设计，即将其拆分为可以生产的外挂墙板单元，选择适当的形式与主体结构连接，进行模板设计等生产层面细度的设计，并进行构件受力验算，最后得到可实施的设计方案。深化设计的主要工作内容包括构件拆分、预留预埋设计和其他设计（如模板设计等）。

### 1. 构件拆分

构件拆分是指把设计结果中不利于实现的单个构件按照一定规则拆分为满足模数协调、结构承载力及生产运输施工要求的多个预制构件，并进行构件间连接设计的过程。构件拆分是深化设计中一项关键工作内容，其拆分形式对生产、运输、施工都会造成多方面影响，如预制构件的质量及大小直接影响到运输及吊装设备的选取。

在生产、运输、施工过程中，预制构件的受力状态往往有别于设计阶段所考虑的正常使用情况下受力状态，因此还应考虑生产、运输及施工的附加要求，对预制构件脱模、翻转、吊装等各个环节进行承载力、变形及裂缝控制验算。

在建筑及结构设计时，如果已考虑预制构件生产与装配过程要求，进行了构件拆分，则深化设计中不需要重复进行。

### 2.预留预埋设计

预留预埋设计是指针对预制构件的预留孔洞、预埋件及配套配筋进行设计。预制构件在生产、运输与装配过程中需要用到大量预埋件以支持构件起吊与连接，而设计方案中常有其他建筑构件或设备穿过或嵌入预制构件，因此预留预埋设计必不可少。

### 3.其他设计

其他设计主要包括预制构件模板设计，饰面砖排布图设计、安装平面布置设计等与预制构件间接相关内容的设计。

## 二、生产方案的确定

生产方案设计是指深化设计子阶段之后，考虑生产工艺、经济指标等因素及施工单位的要求，为预制构件生产任务确定具体实施方案的过程，工作内容主要包括流水线设计、生产计划、库存规划。

### 1.流水线设计

首次生产前，市场分析之后，需要依据生产工艺要求，对预制构件的流水线进行设计。合理的流水线设计有利于缩短物料运输距离，避免运输路线交叉，优化设备与人员配备情况，达到提高生产效率的目的。流水线设计主要包括产能规划、设备选型、工厂规划、人员配置等。

### 2.生产计划

正式投产之前需要依据交付计划编制预制构件生产计划，主要包括预制构件生产进度计划和生产资源利用计划。预制构件按订货类型可以分为按库存生产（Make To Stock，MTS）类型（如标准化门窗、瓷砖等）与ETO类型（如外挂墙板等）。MTS生产类型构件编制生产计划主要依据是根据市场需求编制的产能规划；ETO生产类型构件编制生产计划主要依据是符合施工进度要求的客户交货要求。合理的生产计划应在满足建设项目施工计划的前提下权衡生产效率与库存成本，实现效益最大化。

### 3. 库存规划

预制构件通常具有较大的质量及体积，需要对其库存堆放进行合理的规划，以便预制构件定位及存取。库存规划主要内容包括物资出入库计划、物资保管计划、物料及设备维护计划等。

## 三、生产方案的执行

生产方案执行是指生产方依据预制构件设计方案及生产方案，进行预制构件生产并管理的过程。其工作内容主要包括构件生产与生产管理。

### 1. 构件生产

构件生产是指按照预制构件设计方案及生产方案实际进行构件生产的过程，主要包括支模、钢筋及预埋件安置、浇筑、养护、拆模等工序。

### 2. 生产管理

生产管理是指对预制构件生产过程中进度、质量、安全等方面进行管理。

## 四、库存与交付

由于预制构件堆放场地较大、库存货物数量较多，应采取合理的方法进行库存定位及出入库与交付管理，避免存取货物发生混乱，提高库存管理的效率，降低管理成本。例如，斜拉桥预制边梁，上面预埋有锚索用于与索塔上的斜拉索连接，随着边梁与索塔间距的不同，预埋锚索与梁表面所成的角度也有差异，然而这些差异人工难以发现，如果没有妥善的标记与管理方法，在交付和安装的过程中容易出现错误，需要返工，造成了浪费。

### 1. 库存管理

库存管理是指对已产出但尚未交付的成品构件进行存储、养护管理。

### 2. 交付管理

预制构件交付责任方由生产方与施工方交涉决定，通常由生产方负责。由于预制构件体积和质量较大，运输时需要使用特制的车辆与堆放架。

# 第二节　BIM 技术在生产各阶段的应用

## 一、深化设计阶段

预制构件（PC 构件）经过设计院设计后，进入工厂生产阶段也可借助 BIM 技术实现由设计模型向预制构件加工模型的转变，为构件加工生产进行材料的准备。在构件加工过程中实现构件生产场地的模拟并对接数控加工设备实现构件自动化和数字化的加工。在构件生产后期管理与运输过程中，围绕 BIM 平台和物联网技术实现信息化与工业化的深度融合。BIM 技术在 PC 工业化生产阶段的应用，有利于材料设备的有效控制及加工场地的合理利用，提高工厂自动化生产水平，提升生产构件质量，加快工作效率，方便构件生产管理。

### 1.预制构件加工模型

装配式模型经过构件拆分，然后细化到每个构件加工模型，涉及的工作量大而烦琐。因此，在构件加工阶段需对预制构件深化设计单位提供的包含完整设计信息的预制构件信息模型进一步深化，并添加生产、加工与运输所需的必要信息，如生产顺序、生产工艺、生产时间、临时堆场位置等，形成预制构件加工信息模型，从而完成模具设计与制作、材料采购准备、模具安装、钢筋下料、埋件定位、构件生产、编码及装车运输等工作。

基于 BIM 信息化管理平台（如 BIM 5D 云平台，EBIM—现场 BIM 数据协同管理平台等），设计人员将设计成果上传到平台中，生产管理人员通过平台获取设计后的成果，包括构件模型、设计图、表格、文件等，对模型信息进行提取与更新，借助 BIM 模型和云平台实现由设计到构件加工的信息传递。

### 2.预制构件模具设计

模具设计加工单位可以基于构件的 BIM 模型对预制构件的模具进行数字化的设计，即在已建好的构件 BIM 模型的基础上对其外围进行构件模具的设计。构件模具模型对构件的外观质量起着非常重要的作用，构件模具的精细程度决定了构件生产的精细程度，构件生产的精细程度又决定了构件安装的准确度和可行性。借助 BIM 技术，一方面可以利用已建好的预制构件 BIM 提供构件模具设计所需要的三维几何数据及相关辅助数据，实现模具设计的自动化；另一方面，利用相关的 BIM 模拟软件对模具拆装顺序的合理性进行模拟，并结合预制构件的自动化生产线，实现拆模的自动化。当模具尺寸数据或拼装顺序发生变化时，模具设计人员只需修改相关数据，并对模型进行实时更新、调整，对模具实行进一步优化来满足构件生产的需要，从源头解决构件的精细度问题。

### 3. 预制构件材料准备

基于 BIM 模型和 BIM 云平台，提取结构模型中各个构件的参数，利用 BIM 云平台及模型内的自动统计构件明细表的功能，对不同构件进行统计，确定工厂生产和现场装配所需的材料报表。在材料的具体用量上，根据深化设计后的构件加工详图确定钢筋的种类、工程量，混凝土的强度等级、用量，模具的大小、尺寸、材质，预埋件、设备管线的数量、种类、规格等。亦可通过 BIM 技术对构件生产阶段的人力、材料、设备等的需求量进行模拟，并根据这些数据信息确定物质和材料的需求计划，并进一步确定材料采购计划。在此基础上，进一步制定成本控制目标，对生产加工的成本进行精细化的管控。由 BIM 平台提取的数据可供管理人员用于分析构件材料的采购与存储计划，提供给材料供应单位，也可用作构件信息的数据复核，并根据构件生产的实际情况，向设计单位进行构件信息的反馈，实现设计方和构件生产方、材料供应方之间信息的无缝对接，提高构件生产信息化程度。

## 二、生产方案的确定阶段

BIM 技术在流水线设计、生产计划编制和库存规划方面都有应用潜力。

第一，设计流水线时可以直接从深化设计 BIM 模型中提取待生产构件的相关信息用于设计或者设计结果模拟，可避免二次信息输入。但由于实际生产过程中一条流水线往往只生产几类构件，而且设计流水线时所需构件信息也只有几何信息等有限信息，因此目前的相关研究通常是通过构件信息直接输入来完成设计流水线时产品信息导入的。

第二，生产计划编制时，可以直接从深化设计得到的 BIM 模型中提取准确的构件信息，用于生产过程各工序耗时估计，比传统方法更为高效和精确。

第三，BIM 模型中不但包括构件信息还包括场地信息，可以利用 BIM 技术进行库存规划。建立直观的 3D 库存规划 BIM 模型，一方面与传统的 2D 图相比，能更为直观地展示库存规划方案，另一方面也便于直接提取场地和产品信息，可进行更精确的货物存取模拟。

## 1. 典型构件工业化加工设备与工艺选择

目前，PC 构件的加工，涉及的工业化加工设备种类主要有混凝土搅拌、运输、布料、振捣设备，钢筋加工设备，构件模具等其他设备。而涉及的工艺流程主要有固定台座法、半自动流水线法、高自动流水线法。对于不同类型的预制构件需要结合不同的工艺流程和设备来完成构件的加工。

（1）模台要求

工业化 PC 构件加工用模台宜选用 10mm 厚的整块钢板作为模台面板，模台的长度和宽度需要根据构件尺寸来定制，平整度要求较高。模台需配备自动化清扫设备，用于预制构件拆模后清除模板表面的混凝土等杂物，其清扫宽度可根据模具尺寸进行调整。通过 BIM 技术开展构件场地仿真模拟，调整模台尺寸、规格使其符合场地要求。

（2）混凝土供应设备选择

PC 结构的混凝土供应设备应包括混凝土搅拌机、输送机、布料机等设备。PC 结构的混凝土要求具有较高的和易性和匀质性、较稳定的坍落度，因此选择混凝土搅拌主机型式时要满足 PC 混凝土的特性，如选用双卧轴式搅拌机。通过 BIM 技术模拟混凝土供应设备的行走路线使其符合场地规划要求，通过 BIM 技术仿真混凝土供应输送量，保证工艺流程的完整性和连续性，混凝土搅拌好后将其从混凝土搅拌站输送到混凝土布料机，输送的过程中通过操控室和操控平台操作控制在特定的轨道上行走，然后通过操作台或遥控控制均匀定量地将混凝土浇筑在构件模型里。

（3）钢筋加工设备选择

钢筋是 PC 构件的重要受力材料，PC 建筑的工业化程度的高低很大程度上取决于钢筋加工的机械化水平。通过 BIM 技术仿真钢筋加工过程保证后续钢筋工程等相关工作的完整性与连续性，减少窝工、材料堆放不合理等不利于施工组织的现象发生。钢筋加工设备主要包括钢筋调直与切断设备、自动弯箍与弯曲设备、钢筋电焊与焊网设备等。

（4）其他功能性设备选择

PC构件工厂需配备与生产线上轨道输送线、控制系统一起操作的模台平移摆渡设备，用于模台工位之间的随时移动。PC构件主材投料过程及完成投料后，需要将模具中的混凝土刮平使其表面平整，并将构件振实成型，因此需配备规格合理的赶平及振动设备。该过程全部工艺流程均通过BIM技术相关软件来实现，工艺模拟的精细化程度涉及部分PC构件混凝土静养初凝后表面进行的拉毛处理，保证构件粗糙面与后浇部分的混凝土黏结性能良好。

（5）构件养护与厂内运送设备

构件养护区配备蒸养窑，养护过程由养护窑温度控制系统控制窑内的温度、湿度，通过升温、恒温、降温的过程完成构件的蒸养。而振捣成型的混凝土构件输送到蒸养窑，养护后的预制构件从蒸养窑运送到生产线，构件脱模位置需配备码垛机。生产流程后期构件脱模后需配备将构件从平躺状态侧翻成竖立状态便于吊装运输的侧翻设备，侧翻后的构件通过配置自动电缆收放系统的运输机从生产车间运输到堆场。厂内运输的所有设备均通过BIM技术仿真模拟，包括设备的摆放、构件生产后的设备行走路径与设备协调、构件移动与堆放等。

### 2. 主要生产工艺模拟与分析

目前PC构件的生产加工工艺大部分采用的是半自动流水线生产，也可以选择传统固定台座法或高自动流水线法。生产工艺的选择首先通过BIM技术开展工艺流程模拟，以4D的形式展示生产过程及构件生产线上可能出现的技术缺陷，通过4D会议的方式解决遇到的问题，从而选择适合项目的最优生产工艺。

固定台座法是在构件的整个生产过程中，模台保持固定不动，工人和设备围绕模台工作，构件的成型、养护、脱模等生产过程都在台座上进行。固定台座法可以生产异型构件，适应性好、比较灵活、设备成本低、管理简单，但是机械化程度低、消耗人工较多、工作效率低下。适用于构件比较复杂，有一定的造型要求的外墙板、阳台板、楼梯等。

而采用半自动流水线法生产，整个生产过程中，生产车间按照生产工艺的要求划分工段，每个工段配备专业设备和人员，人员、设备不动，模台绕生产工段线路循环运行，构件的成型、养护、脱模等生产过程分别在不同的工段完成。半自动流水线法，设备初期投入成本高、机械化程度高、工作效率高，可以生产多品种的预制构件，如内墙板、叠合板等。

高自动流水线法与半自动流水线法类似，自动化程度更高，设备人员更加专业，构件生产的整个过程为一个封闭的循环线路，目前国内运用较少，国外发达国家在构件生产方面应用较多。

## 三、生产方案的执行阶段

通过与 ERP 与 PDA 技术结合，BIM 技术也可以用于构件生产与质检管理。构件生产和质量检测都需要利用构件深化设计信息，可以直接通过移动终端获取构件的 BIM 模型信息，并反馈生产状态和质检结果，有利于解决目前生产现场对纸质化构件加工图的依赖，提高生产效率。

### 1. 构件加工

目前，借助 BIM 技术，辅助预制构件生产加工的方式主要有两种，一种是将预制构件 BIM 加工模型与工厂加工生产信息化管理系统进行对接，实现构件生产加工的数字化与自动化；另一种便是借助 BIM 技术的模拟性、优化性和可出图性，对构件、模具设计数据进行优化后，导出预制构件深化设计后的加工图及构件钢筋、预埋件等材料明细表，以供技术操作人员按图加工构件。

（1）BIM 模型对接数控加工设备

在 PC 构件的工厂生产加工阶段，传统的生产方式是操作人员根据设计好的二维图将构件加工的数据输入加工设备，这种方式，一方面，由于工人自身的业务能力会出现图理解不够透彻，导致数据偏差问题；另一方面，一套 PC 建筑所涉及的构件种类数量、材料等信息量较大，人工录入不但效率低下，而且在录入的过程中难免会出现误差。而在构件生产加工阶段，可以充分利用 BIM 模型实现构件数字化和自动化的制造。利用 Revit、PKPMPC、Tekla Structures 等软件建立的三维模型与工厂加工生产信息化管理系统进行对接，将 BIM 的信息导入数控加工设备，对信息进行识别。尤其可以实现钢筋加工的自动化，把 BIM 模型中所获得的钢筋数据信息输出到钢筋加工数控机床的控制数据，进行钢筋自动分类、机械化加工，实现钢筋的自动裁剪和弯折加工，并利用软件实现钢筋用料的最优化。另外，在条件允许的情况下，将 BIM 建模与构件生产自动化流水线的生产设备对接，利用BIM模型中提取的构件加工信息，实现PC构件生产的自动画线定位、模具摆放、自动布筋、预埋件固定、混凝土自动布料、振捣找平等。数据信息的传递实现无纸化加工、电子交付，减少人工二次录入带来的错误，提高工作效率。

（2）BIM模型导出构件加工详图

在没有条件实现BIM模型对接数控加工设备的情况下，基于预制构件加工信息模型，可以将模型数据导出，进行编号标注，自动生成完整的构件加工详图，包括构件模型图、构件配筋图及根据加工需要生成的构件不同视角的详图和配件表等。借助BIM平台实现模型与图纸的联动更新，保证模型与图纸的一致性，加工图可由预制构件加工模型直接发布成DWC图，减少错误，提高不同参与方之间的协同效率。工人在构件加工的过程中，应用深化设计后生成的构件加工详图（包括构件模型图、构件配筋图、构件模具图、预埋件详图等）和构件材料明细表等数据辅助工人识图，进行钢筋的加工、模具的安装等。利用模型的三维透视效果，对构件隐蔽部分的信息进行展示，对钢筋进行定位、确定预埋件、水电管线、预留孔洞的尺寸、位置，有效展示构件的内部结构，便于指导构件的生产。避免由于技术人员自身的理解能力和识图能力问题造成构件加工的误差，提高构件生产的精细度。

### 2.构件生产管理

在构件的生产管理阶段，将预制构件加工信息模型的信息导出规定格式的数据文件，输入工厂的生产管理信息系统，指导安排生产作业计划。借助BIM模型与BIM数据协同管理平台结合物联网技术在构件生产阶段在构件内部植入RFID芯片，该芯片作为构件的唯一标识码，通过不断搜集整理构件信息将其上传到构件BIM模型及BIM云平台中，记录构件从设计、生产、堆放、运输、吊装到后期的运营维护的所有信息。在BIM云平台打印生成构件二维码，并将其粘贴在构件上，通过手机端扫描二维码掌握构件目前的状态信息。这些信息包含构件的名称、生产日期、安装位置编号、进场时间、验收人员、安装时间、安装人员等。无论是管理人员还是构件安装人员，都可以通过扫描二维码的方式对构件的信息进行从工厂生产到施工现场的全过程跟踪、管理，同时通过云平台在模型中定位构件，用来指导后续构件的吊装、安放等。利用

BIM 云平台＋物联网技术对构件进行生产管理，能够实时显示构件当前状态，便于工厂管理人员对构件物料的管理与控制，缩短构件检查验收的程序，提高工作效率。

基于 BIM 的信息化管理平台生产管理人员将生产计划表导入 BIM 云平台，根据构件实际生产情况对平台中的构件数据进行实时更新，分析生成构件的生产状态表和存储量表，根据生产计划表和存储量表对构件材料的采购进行合理安排，避免出现材料的浪费和构件生产存储过多出现场地空间的不足问题。

其中比较有代表性的某公司装配式智慧工厂信息化管理平台，集成了信息化、BIM、物联网、云计算和大数据技术，面向多装配式项目、多构件工厂，针对装配式项目全生命周期和构件工厂全生产流程进行管理，目前主要包括如下几个管理模块：企业基础信息（企）、工厂管理、项目管理、合同管理（企）、生产管理、专用模具管理、半成品管理、质量管理、成品管理、物流管理、施工管理、原材料管理。平台主要有如下功能和特点：

（1）实现设计信息和生产信息的共享

平台可接收来自 PKPMPC 装配式建筑设计软件的设计数据：项目构件库、构件信息、图纸信息、钢筋信息、预埋件信息、构件模型等，实现无缝对接。平台和生产线或者生产设备的计算机辅助制造系统进行集成，不仅能从设计软件直接接收数据，而且能够将生产管理系统的所有数据传送给生产线或者某个具体生产设备，使得设计信息通过生产系统与加工设备信息共享，实现设计、加工生产一体化，不需要构件信息的重复录入，避免人为操作失误。更重要的是，将生产加工任务按需下发到指定的加工设备的操作台或者 PLC 中，并能根据设备的实际生产情况对管理平台进行反馈统计，这样能够将构件的生产领料信息通过生产加工任务和具体项目及操作班组关联起来，从而加强基于项目和班组的核算，如废料过多、浪费高于平均值给予惩罚，低于平均值给予奖励，从而提升精细化管理，节约工厂成本。

生产设备分为钢筋生产设备和 PC 生产设备两大类。管理平台已经内置多个设备的数据接口，并且在不断增加，同时考虑到生产设备本身的升级导致接口版本的变更，所以增加"设备接口池"管理，在设备升级时，接口通过系统后台简单的配置就能自动升级。

（2）实现物资的高效管理

平台接收构件设计信息，自动汇总生成构件。

根据BOM（Bill Of Material，物料清单），制订物资需求计划，然后结合物资当前库存和构件月生产计划，编制材料请购单，采购订单从请购单中选择材料进行采购，根据采购订单入库。材料入库后开始进入物资管理的一个核心环节——出入库管理。物资出入库管理包括物资的入库、出库、退供、退库、盘点、调拨等业务，同时各类不同物资的出入库处理流程和核算方式不同，需要分开处理。物资出入库业务和仓库的库房库位信息进行集成，不同类型的物资和不同的仓库关联，包括原材料仓库、地材仓库、周转材料仓库、半成品仓库等。物资按项目、用途出库，系统能够实时对库存数据进行统计分析。

物资管理还提供了强大的报告报表和预告预警功能。系统能够动态实时生成材料的收发存明细账、入库台账、出库台账、库存台账和收发存总账等。系统还可以按照每种材料设定最低库存量，低于库存底线自动预警，实时显示库存信息，通过库存信息为采购部门提供依据，保证了日常生产原材料的正常供应，同时避免因原材料的库存数量过多积压企业流动资金，提高企业经济效益。

（3）实现构件信息的全流程查询与追踪

平台贯穿设计、生产、物流、装配四个环节，以PC构件全生命周期为主线，打通了装配式建筑各产业链环节的壁垒。基于BIM的预制装配式建筑全流程集成应用体系，集成PDA、RFID及各种感应器等物联网技术，实现了对构件的高效追踪与管理。通过平台，可在设计环节与BIM系统形成数据交互，提高数据使用率；对PC构件的生产进度、质量和成本进行精准控制，保障构件高质高效地生产，实现构件出入库的精准跟踪和统计；在构件运输过程中，通过物联网技术和GPS进行跟踪、监控，规避运输风险；在施工现场，实时获取、监控装配进度。

## 四、库存与交付阶段

在生产运输规划中需要考虑以下几个方面的问题：

1. 住宅工业化的建造过程中，现场湿作业减少，主要采用预制构件，由于工程实际需要，一些尺寸大的预制构件往往受到当地的法规或实际情况的限制，需要根据构件的大小及精密程度，规划运输车次，做好周密的计划安排。

2.在确定构件的运输路线时，应该充分考虑构件存放的位置及车辆的进出路线。

3.根据施工顺序编制构件生产运输计划，实现构件在施工现场零积压。

要解决以上几个问题，就需要 BIM 信息控制系统与 ERP 进行联动，实现信息共享。利用 RFID 技术根据现场的实际施工进度，自动将信息反馈给 ERP 系统，以便管理人员能够及时做好准备工作，了解自己的库存能力，并且实时反映到系统中，提前完成堆放等作业。在运输过程中，需要借助 BIM 技术相关软件根据实际环境进行模拟装载运输，以减少实际装载过程中出现的问题。

在该阶段目前主要是利用 BIM 建模进行构件交付完成情况的展示。部分学者针对预制构件采购中供应链管理效率低下、纸质化信息不及时等问题，开发了建筑供应链管理系统，可以直接利用 BIM 的构件信息通过网络寻找预制构件供应商，并利用 BIM 与地理信息系统（Geographic Information System，GIS）技术实现订单完成进度的实时展示。

# 第三节　基于 BIM 技术的构件生产关键技术

## 一、物联网技术

物联网（Internet Of Things）的概念是 1999 年首次提出的，它是指将安装在各种物体上的传感器、RFID Tag 电子标签、二维码标签和全球定位系统通过与无线网络相连接，赋予物体电子信息，再通过相应的识别装置，以实现对物体的自动识别和追踪管理。物联网最鲜明的特征是全面感知、可靠传播和智能处理。相应地，其技术体系包括感知层技术、网络层技术、应用层技术。物联网可以广泛地应用于产品生产管理的方方面面，如物料追踪、工业与自动化控制、信息管理和安全监控等，运用在工程项目的物料追踪中可大大提高现场信息的采集速度。

### 1.二维码技术

二维码（QR-code）是按一定规律使用二维方向上分布的黑白相间的图形来记录数据信息的符号，相比传统的一维条码技术，它具有信息容量大、抗损能力强、编码范围广、译码可靠性高、成本低、制作简单等优点，能够存储字符、数字、声音和图像等信息。二维码的应用主要包括两种：一种是二维码可以作为数据载体，本身存储大量数据信息；另一种是将二维码作为链接，成为数据库的入口。二维码的生成很简单，对印刷要求不高，普通打印机即可直接打印。随着移动互联网的兴起，各种移动终端即可对二维码进行扫描识别，进行电子信息的传递，大大提高了信息的传递速度。在工程项目中，通过相关软件生成构件的二维码，并粘贴到构件表面，现场工作人员可直接扫描构件二维码来读取构件的信息并在移动终端上完成相关操作，实现信息的及时录入和读取，改变了传统的工作方式。

二维码技术是BIM信息管理平台中的重要应用技术之一，二维码能与构件一一对应，是连接现实与模型的媒介。通过移动终端扫描二维码可以定位构件模型，各参与方管理人员要能清楚地查询和更新与构件有关的基本属性、扩展属性、构件状态和相关任务。

（1）基本属性应包括构件的名称、ID、类别、楼层、位置、尺寸、质量、钢筋数量及规格、预埋件种类及个数、材质等。

（2）扩展属性应包括构件生产到过程信息的构件厂商、生产人员、堆放区、出厂日期、运输方、运输车车牌、驾驶员姓名、进场时间、施工单位、施工班组、施工日期、检验人员、相关表单和资料附件等。

（3）构件状态应能反映构件从发送订单、生产、堆放到运输和吊装验收全过程的跟踪记录，包括构件状态、跟踪时间、跟踪人员、跟踪位置和相关照片等，实现全过程的可追溯。

（4）相关任务应包括构件所属的任务名称、工期、计划开始、计划完成、实际开始、实际完成、责任人、相关人等。

## 2.RFID技术

RFID（Radio Frequency Identification，无线射频识别）是一种非接触式的自动识别技术，通过与互联网技术相结合，不需要人工干预即可完成对目标对象的识别，并获取相关数据，从而实现对目标物体的跟踪和信息管理，它具有穿透性、环境适应能力强和操作快捷方便等优势。该技术自20世纪80年代之后呈现出高速发展势头，逐渐成为目前应用非常广泛的一种非可视接触式的自动识别技术。早在"二战"时期，RFID 的技术原理就已明确。基于无线电数据技术的侦察技术成为识别敌我双方飞机、军舰等军事单位的有效工具。但是由于其较高的使用成本，使得该项技术在"二战"结束之后未能走入民用领域，仅在军事领域得到了重要应用。直至 20 世纪 80 年代，在电子信息技术与芯片技术创新发展的推动下，RFID 技术逐渐走入民用领域，并在技术进步的支持下迅速成为各个领域最为重要的识别技术之一，极大地提升了各个领域的自动化识别与管理水平。目前典型应用有货物运输管理、门禁管制和生产自动化等。RFID 的应用体系基本上由三部分组成。电子标签（RFID Tag）：由芯片和耦合元件构成，电子标签上可进行信息的直接打印，附着在目标物体上进行标识，是射频识别系统的数据载体，同时每一个标签具有唯一的编码，可以实现标签与物体的一一对应。标签按是否自带能量可分为无源标签和有源标签，前者不用电池，从阅读器发出的微波信号中获取能量，后者自带能量供电；按工作频率分可分为低频标签、高频标签和超高频标签。读写器（Reader）：用于读取和写入标签信息的设备，一般可为手持式和固定式，主要任务是实现对标签信息的识别和传递。天线（Antenna）：标签和阅读器间传递数据的发射 / 接收装置，我国现有读写器在选择不同天线的情况下，读取距离可达上百米，可以对多个标签进行同时识别。RFID 技术的基本原理是阅读器通过天线发出一定频率的射频信号，当标签进入天线辐射场时，产生感应电流从而获得能量，发出自身编码所包含的信息，阅读器读取并解码后发送至计算机主机中的应用程序进行有关处理。

## 二、GIS 技术

GIS 是在计算机硬件系统与软件系统支持下，以采集、存储、管理、检索、分析和描述空间物体的定位分布及与之相关的属性数据，并回答用户问题等为主要任务的计算机系统，是一门综合性的新兴学科，其涉及的技术囊括了计算机科学、地理学、测绘学、环境科学、城市科学、空间科学、信息科学和管理科学等学科，并且已经渗透到了国民经济的各行各业，形成了庞大的产业链，与人们的生活息息相关。

从 20 世纪 90 年代的科学与技术发展的潮流和趋势看，应从三个方面来审视地理信息系统的含义。首先，地理信息系统本质上是一种计算机信息技术，管理信息系统是它应用的一个方面。其次，地理信息系统的基本特点是对空间数据的采集、处理与存储，强大的空间分析能力可以帮助人们分析一些解决不了的难题，这就使得其成为一种强有力的辅助工具。最后，地理信息系统是人的思想的延伸。地理信息系统的思维方式与传统的直线式思维方式有很大不同，人们能从极大的范围关注到与地理现象有关的周围的一些现象变化及这些变化对本体所造成的影响。地理信息系统是与地理位置相关的信息系统，因此它具有信息系统的各种特点。

### 1. 具有空间性

GIS 技术的基础是空间数据库技术，其空间数据分析技术也是建立在这个基础上的。所有的地理要素，只有按照特定的坐标系统的空间定位，才能使具有地域性、多维性、时序性特征的空间要素进行分解和归并，将隐藏信息提取出来，形成时间和空间上连续分布的综合信息基础，支持空间问题的处理与决策。

### 2. 具有时间性和动态性

地理要素时刻处于变化之中，为了真实地反映地理要素的真正形态，GIS 也需要根据这些变化依时间序列延续，及时更新、存储和转换数据，通过多层次数据分析为决策部门提供支持。这就使其获得了时间意义。

### 3. 能够分析处理空间数据

GIS 最不同于其他信息系统的地方在于其强大的空间数据分析功能，计算机系统的支持能使地理信息系统精确、快速、综合地对复杂的地理系统进行过程动态分析和空间定位，并对多信息源的统计数据和空间数据进行一定的归并分类、量化分级等标准化处理，使其满足计算机数据输入和输出的要求，从而实现资源、环境和社会等因素之间的对比和相关分析。

### 4. 可视化的处理过程

GIS 信息可以分为图形元素和属性信息两个部分，通过一定的技术可以把空间要素以图形元素的形式清晰地展现在计算机上，并关联上一定的属性信息，使用户得到一个易于理解的可视化图层文件。

## 三、基于云技术的 BIM 协同平台

基于云技术的 BIM 协同设计平台是指将云计算中的理念和技术应用到 BIM 中，云端的服务器采用分布式的非关系型数据库，将建设工程项目的海量数据存储在云端，数据交换基于但不局限于当下通用的 IFC 标准格式。同时，在客户端搭建一个面向建设工程项目全生命周期的协同设计平台，该平台能够为分布于不同时间和地点的用户提供云端服务，使得与项目相关的各方人员能在同一平台上工作，实现了各个项目参与方之间的协同工作，增强了项目参与方之间的沟通与信息交流，提高了工作效率，也促进了建筑业的现代化与信息化。云计算在 BIM 协同设计平台中的应用起步不久，但是其巨大的潜力已被认可。首先，建设工程项目的全生命周期统领在一个协同平台下，有助于打破不同项目进程之间的堡垒，保证项目的完整性；其次，对各专业设计者而言，基于云技术的协同设计平台，有助于他们完成整个设计流程，设计变更的成本降低、效率大幅提升；再次，使用云为基础的项目服务可以通过扩展来降低硬件成本和总成本，这是业主乐于看到的；最后，各个 BIM 软件供应商可以创建新的工具和云部署的系统，来吸引更为广泛的用户群。

### 1. 协同平台基本构架

基于云技术的 BIM 协同设计平台将建设工程的海量设计资料、设计信息存储在云端，云端的服务器采用分布式非关系型数据库，通过数据切分、数据复制等技术手段保证项目数据的完整性、安全性，同时保证数据的传输速率；客户端的用户可以接入云端，使用在云端服务器上的各种 BIM 软件，通过协同平台的模块功能进行三维协同设计、信息交互等一系列活动，设计成果如 BIM 模型和设计图等信息也存储在云端数据库中，其他获得权限的设计人员可以随时访问服务器并获得相应数据信息。由于云端的服务器为客户端提供了进行协同设计的软件环境、计算能力和存储能力，从而降低了客户端计算机的硬件成本，即降低了协同设计的成本。云端的服务器可以根据建设工程项目的大小进行调整，来迎合不同客户的需求。总体来讲，其数据库可以分为三层，数据获取和流量控制层、数据上传和提取层以及数据存储层。客户端即 BIM 协同设计平台的功能模块可分为七个：BIM 模块、任务及时间进度管理模块、安全及权限管理模块、冲突检测和设计变更模块、法律条规检测模块、知识管

理模块以及基于 BIM 模型的拓展功能分析模块。在协同设计平台中，BIM 模型、任务及时间进度管理模块和安全及权限管理模块这三个模块是整个协同平台的功能基础；冲突检测和设计变更模块、法律条规检测模块通过这三个基础模块得以实现，为提升协同化设计的质量服务，知识管理模块贯穿整个协同设计过程。另外，鉴于部分 BIM 软件如 Revit 提供 API 接口，所以设置基于 BIM 模型的拓展功能分析模块，可以给 BIM 模型提供光照分析、能量分析和造价概算等。

### 2.4D BIM

通常将时间属性视为除了 3D（x，y，z）环境之外的第四维度，即 4D（I，x，y，z）环境。4D BIM 将施工进度计划与 3D BIM 模型相结合，以视觉方式模拟项目的施工过程，通过将每个构件与其对应的时间信息相连接的方式实现施工的动态化管理。施工模拟使业主和利益相关者能够在项目开始之前对现场施工情况在三维的环境中进行观察，这可以帮助他们做出更好的决策并制定更有利可图的财务计划。这种动态模拟能够帮助发现施工过程中可能发生的冲突和设计中的错误，如现场材料布局冲突、资源配置冲突和一些进度计划中的逻辑错误。施工活动具有严格的逻辑顺序，这意味着一些工作只能在其他工作完成后开始，任何进度计划表中的逻辑错误都可能导致整个项目的财务损失和延迟。在开始工作之前检查进度计划的合理性很重要，这正是 4D 模拟可以帮助实现的。与传统的二维方法相比，以可视化方式审查施工计划并与其他参与者进行沟通比较容易。可以通过 4D 工具生成动画视频，展示项目的整个生产过程，它使承包商和现场施工人员更好地了解他们的工作应该于何时何地开始和完成。4D 模型也可用于分析与结构和现场问题相关的安全问题，对结构进行施工过程中实时的受力计算来评估施工风险。一些施工中搭建的临时结构如脚手架和围栏等也可以在模拟过程中进行统计和分析，这有助于施工管理人员监控现场。4D 进度管理可以运用在项目的所有阶段。在预构建阶段，使用 4D 模拟来检测进度计划或设计中的错误，有助于减少冲突。在施工期间，进度信息应由相关人员及时更新，之后利用 4D 工具进行计划施工进度与实际施工进度的比较，项目经理应该意识到滞后或提前工期的后果，对工作计划进行及时调整。

　　LOD 的规定在 4D 模拟中扮演着重要角色，模型达到的精细程度越高，施工模拟的可靠性及精度越高。项目所有者及项目经理应该考虑投资和回报之间的关系，慎重决定模型应该实现的 LOD 等级。建筑行业已经意识到将进度计划与 BIM 模型结合在一起的优势，越来越多的 4D 工具相继被开发利用来满足施工模拟的需求。

# 第八章　BIM 技术在施工阶段中的应用

## 第一节　BIM 技术对项目施工阶段应用的必要性

### 一、传统的工程项目管理

#### （一）进度控制概述

对一个工程项目，其建设进度安排是否合理，在实施过程中能否按计划执行，直接关系着工程项目的经济效益。因此，进度管理是工程项目管理的中心任务之一。

#### 1. 工程项目活动

工程项目活动是指为完成工程项目而必须进行的具体工作。在工程项目管理中，活动的范围可大可小，一般应根据工程具体情况和管理的需要来确定。例如，可将混凝土拌制、混凝土运输、混凝土浇筑和混凝土养护各定义为一项活动，也可将这些活动综合定义为一项混凝土工程。工程项目活动是编制进度计划、分析进度状况和控制进度的基本工作单元。

#### 2. 工程进度与建设工期

（1）工程进度

所谓进度，是指活动或工作进行的速度。工程进度即工程进行的速度。工程进度计划则是指根据已批准的建设文件或签订的发承包合同，将工程项目的建设进度做进一步的具体安排。进度计划可分为设计进度计划、施工进度计划和物资设备供应进度计划等。施工进度计划，可按实施阶段分解为逐年、逐季、逐月等不同阶段的进度计划，也可按项目的结构分解为单位（项）工程、分部分项工程的进度计划。

（2）建设工期

工期可分为建设工期和合同工期。建设工期是指工程项目或单项工程从正式开工到全部建成投产或交付使用所经历的时间。建设工期一般按日历月计算，有明确的起止年月，并在建设项目的可行性研究报告中有具体规定。建设工期是具体安排建设计划的依据。合同工期是指完成合同范围工程项目所经历的时间，它从承包商接到监理工程师开工通知令的日期算起，直到完成合同规定的工程项目为止。监理工程师发布开工通知令的时间和工程竣工时间在投标书附件中都已做出了详细规定，但合同工期除了该规定的天数外，还应计及因工程内容或工程量的变化、自然条件不利的变化、业主违约及应由业主承担的风险等不属于承包商责任事件的发生，且经过监理工程师发布变更指令或批准承包商的工期索赔要求，而允许延长的天数。

### 3.工程进度控制

工程进度控制，是指在规定的建设工期或合同工期内，以事先拟订的合理且经济的工程进度计划为依据，对工程建设的实际进度进行检查、分析，发现偏差，及时分析原因，调整进度计划和采取纠偏措施的过程。在建设项目实施过程中，业主或监理工程师、承包商均涉及进度控制的问题，但他们的控制目标、控制依据和控制手段均有差别。进度控制是一项系统工程，对于业主或监理工程师的进度控制，涉及勘察设计、施工、土地征用、材料设备供应、安装调试等多项内容，各方面的工程都必须围绕一个总进度有条不紊地进行，按照计划目标和组织系统，对系统各部分应按计划实施、检查比较、调整计划和控制实施，以保证实现总进度目标。而对于承包商的进度控制，涉及施工合同环境、施工条件、施工方案、劳动力和各种施工物资的组织与供应等多项内容，应围绕合同工期，选择和运用一切可能利用的管理手段，实现合同规定的工期目标。

### 4.进度控制的目的

进度控制的目的是通过控制以实现工程的进度目标。如只重视进度计划的编制，而不重视进度计划必要的调整，则进度无法得到控制。为了实现进度目标，进度控制的过程也就是随着项目的进展，进度计划不断调整的过程。

施工方是工程实施的一个重要参与方，许许多多的工程项目，特别是大型重点建设工程项目，工期要求十分紧迫，施工方的工程进度压力非常大。数百天的连续施工，一天两班制施工，甚至 24 小时连续施工时有发生，不是正常有序地施工，而是盲目赶工，难免会导致施工质量问题和施工安全问题的出现，并且会引起施工成本的增加。因此，施工进度控制不仅关系着施工进度目标能否实现，它还直接关系着工程的质量和成本。在工程施工实践中，必须树立和坚持一个最基本的工程管理原则，即在确保工程质量的前提下，控制工程的进度。

为了有效地控制施工进度，尽可能摆脱因进度压力而造成工程组织的被动，施工方有关管理人员应深入理解下列问题。

1）整个建设工程项目的进度目标如何确定。

2）影响整个建设工程项目进度目标实现的主要因素。

3）如何正确处理工程进度和工程质量的关系。

4）施工方在整个建设工程项目进度目标实现中的地位和作用。

5）影响施工进度目标实现的主要因素。

6）施工进度控制的基本理论、方法、措施和手段等。

**5. 进度控制的任务**

各方进度控制的任务如下。

（1）业主方进度控制的任务。控制整个项目实施阶段的进度，包括控制设计准备阶段的工作进度、设计工作进度、施工进度、物资采购工作进度，以及项目动用前准备阶段的工作进度。

（2）设计方进度控制的任务。按照设计任务委托合同对设计工作进度的要求控制设计工作进度，这是设计方履行合同的义务。另外，设计方应尽可能地使设计工作的进度与招标、施工和物资采购等工作进度相协调。在国际上，设计进度计划主要是各设计阶段的设计图纸（包括有关的说明）的出图计划，在出图计划中标明每张图纸的名称、图纸规格、负责人和出图日期。出图计划是设计方进度控制的依据，也是业主方控制设计进度的依据。

（3）施工方进度控制的任务。依据施工任务委托合同对施工进度的要求控制施工进度，这是施工方履行合同的义务。在进度计划编制方面，施工方应视项目的特点和施工进度控制的需要，编制深度不同的控制性、指导性和实施性施工的进度计划，以及按不同计划周期（年度、季度、月度等）的施工计划等。

（4）供货方进度控制的任务。依据供货合同对供货的要求控制供货进度，这是供货方履行合同的义务。供货进度计划应包括供货的所有环节，如采购、加工制造、运输等。

### 6.项目进度计划系统的建立

（1）建设工程项目进度计划系统的内涵

建设工程项目进度计划系统是由多个相互关联的进度计划组成的系统，它是项目进度控制的依据。由于各种进度计划编制所需要的必要资料是在项目进展过程中逐步形成的，因此项目进度计划系统的建立和完善也有一个过程，它是逐步形成的。

（2）不同类型的建设工程项目进度计划系统

根据项目进度控制不同的需要和不同的用途，业主方和项目各参与方可以构建多个不同的建设工程项目进度计划系统，如由多个相互关联的不同计划深度的进度计划组成的计划系统，由多个相互关联的不同计划功能的进度计划组成的计划系统，由多个相互关联的不同项目参与方的进度计划组成的计划系统，由多个相互关联的不同计划周期的进度计划组成的计划系统等。

1）由不同计划深度的计划构成进度计划系统，包括总进度规划（计划）、项目子系统进度规划（计划）、项目子系统中的单项工程进度计划等。

2）由不同计划功能的计划构成进度计划系统，包括控制性进度规划（计划）、指导性进度规划（计划）、实施性（操作性）进度计划等。

3）由不同项目参与方的计划构成进度计划系统，包括业主方编制的整个项目实施的进度计划、设计进度计划、施工和设备安装进度计划、采购和供货进度计划等。

4）由不同计划周期的计划构成进度计划系统，包括五年建设进度计划，年度、季度、月度和旬计划等。

（3）建设工程项目进度计划系统中的内部关系

在建设工程项目进度计划系统中，各进度计划或各子系统进度计划编制和调整时必须注意其相互间的联系和协调，主要包括以下内容。

1）总进度规划（计划）、项目子系统进度规划（计划）与项目子系统中的单项工程进度计划之间的联系和协调。

2）控制性进度规划（计划）、指导性进度规划（计划）与实施性（操作性）进度计划之间的联系和协调。

3）业主方编制的整个项目实施的进度计划、设计方编制的进度计划、施工和设备安装方编制的进度计划与采购和供货方编制的进度计划之间的联系和协调等。

## （二）工程项目总进度目标的论证

### 1. 工程项目总进度目标论证的工作内容

建设工程项目总进度目标指的是整个工程项目的进度目标，它是在项目决策阶段项目定义时确定的。项目管理的主要任务是在项目的实施阶段对项目的目标进行控制。建设工程项目总进度目标的控制是业主方项目管理的任务（若采用建设项目工程总承包的模式，协助业主进行项目总进度目标的控制也是建设项目工程总承包方项目管理的任务）。在进行建设工程项目总进度目标控制前，首先应分析和论证进度目标实现的可能性。若项目总进度目标不可能实现，则项目管理者应提出调整项目总进度目标的建议，并提请项目决策者审议。

在项目实施阶段，项目总进度应包括设计前准备阶段的工作进度、设计工作进度、招标工作进度、施工前准备工作进度、工程施工和设备安装工作进度、工程物资采购工作进度、项目动用前的准备工作进度等。

建设工程项目总进度目标论证应分析和论证上述各项工作的进度，以及上述各项工作进展的相互关系。

在建设工程项目总进度目标论证时，往往还未掌握比较详细的设计资料，也缺乏比较全面的有关工程的发包组织、施工组织和施工技术等方面的资料，以及其他有关项目实施条件的资料。因此，总进度目标论证并不是单纯的总进度规划的编制工作，它涉及许多工程实施的条件分析和工程实施策划方面的问题。

大型建设工程项目总进度目标论证的核心工作是通过编制总进度纲要论证总进度目标实现的可能性。总进度纲要的主要内容包括项目实施的总体部署、总进度规划、各子系统进度规划、确定里程碑事件的计划进度目标、总进度目标实现的条件和应采取的措施等。

## 2. 工程项目总进度目标论证的工作步骤

建设工程项目总进度目标论证的工作步骤具体如下：调查研究和收集资料；项目结构分析；进度计划系统的结构分析；项目的工作编码；编制各层进度计划；协调各层进度计划的关系，编制总进度计划；若所编制的总进度计划不符合项目的进度目标，则设法调整；若经过多次调整，进度目标无法实现，则报告项目决策者。

（1）调查研究和收集资料

调查研究和收集资料包括如下工作。

1）了解和收集项目决策阶段有关项目进度目标确定的情况和资料。

2）收集与进度有关的该项目组织、管理、经济和技术资料。

3）收集类似项目的进度资料。

4）了解和调查该项目的总体部署。

5）了解和调查该项目实施的主客观条件等。

（2）大型建设工程项目的结构分析

根据编制总进度纲要的需要，将整个项目进行逐层分解，并确立相应的工作目录，如一级工作任务目录，将整个项目划分成若干个子系统；二级工作任务目录，将每一个子系统分解为若干个子项目；三级工作任务目录，将每一个子项目分解为若干个工作项。

（3）编制各层进度计划

整个项目划分成多少层计划，应根据项目的规模和特点而定。其中，大型建设工程项目的计划系统一般由多层计划构成，如第一层进度计划，将整个项目划分成若干个进度计划子系统；第二层进度计划，将每一个进度计划子系统分解为若干个子项目进度计划；第三层进度计划，将每一个子项目进度计划分解为若干个工作项。

（4）编制项目的工作编码

项目的工作编码指的是每一个工作项的编码。编码有各种方式，编码时应考虑下列因素。

1）对不同计划层的标识。

2）对不同计划对象的标识（如不同子项目）。

3）对不同工作的标识（如设计工作、招标工作和施工工作等）。

### （三）工程网络计划技术

#### 1. 工程网络计划技术概述

（1）网络计划的产生和发展

20世纪初，亨利·甘特创造了"横道图法"后，人们都习惯于用横道图表示工程项目进度计划。随着现代化生产的不断发展，项目的规模越来越大，影响因素越来越多，项目的组织管理工作也越来越复杂。为了适应对复杂系统进行管理的需要，20世纪50年代，在美国相继研究并使用了两种进度计划管理方法，即关键线路法（Critic Path Method，CPM）和计划评审技术（Program Evaluation and Review Technique，PERT）。国外多年实践证明，应用网络计划技术组织与管理生产一般能缩短时间20%左右，降低成本10%左右。当前，世界各国都非常重视现代管理科学，网络计划技术已被许多国家认为是当前最行之有效的、先进的、科学的管理方法。

我国从20世纪60年代中期，在华罗庚教授的倡导下，开始在国民经济各部门试点应用网络计划技术。为了进一步推进网络计划技术的研究、应用和教学，1992年我国发布了《网络计划技术》（GB/T 1340013—1992）国家标准（常用术语、网络图画法的一般规定和在项目管理中应用的一般程序），并于2009年和2012年完成两次修订，将网络计划技术的研究和应用提升到新水平。《工程网络计划技术规程》（JGJ/T121—2015）的发布推动了工程网络计划技术的发展和应用水平的提高。

（2）网络计划的分类

网络计划种类繁多，可以从不同的角度进行分类。

1）按代号的不同区分，可以分为双代号网络计划和单代号网络计划。

2）按有无时间坐标的限制区分，可以分为标注时间网络计划和时间坐标网络计划。

3）按目标的多少区分，可以分为单目标网络计划和多目标网络计划。

4）按编制对象区分，可以分为局部网络计划（以一个分部工程或一个施工段为对象编制的）、单位工程网络计划（以一个单位工程或单体工程为对象编制的）、综合网络计划（以一个建设项目为对象编制的）。

5）按工作之间逻辑关系和持续时间的确定程度区分，可以分为确定型网络计划，即工作之间的逻辑关系及各工作的持续时间都是肯定的（如关键线路法CPM）；非确定性网络计划，即工作之间的逻辑关系和各项工作的持续时间之中有一项以上是不肯定的（如计划评审技术PERT、图示评审技术GERT等）。本章只讨论确定型网络计划。

（3）网络计划的特点

网络计划既是一种科学的计划方法，又是一种有效的生产管理方法。与横道图计划管理方法相比，网络计划具有如下特点。

1）网络计划把整个施工过程中各有关工作组成一个有机整体，因而能全面而明确地反映出各工序之间的相互制约和相互依赖的关系，能够清楚地看出整个施工过程在计划中是否合理。

2）网络计划可以通过时间参数计算，能够在工作繁多、错综复杂的计划中，找出影响工程进度的关键工作；便于管理人员集中精力抓住施工中的主要矛盾，确保按期竣工，避免盲目抢工。因为，在通常情况下，当计划内有10项工作时，关键工作只有3~4项，占30%~40%；有100项工作时，关键工作只有12~15项，占12%~15%；有5000项工作时，关键工作也不过150~160项，占3%~4%；据说世界上曾经有过10000项工作的计划，其中关键工作只占1%~2%。

3）利用网络计划中反映出来的各项工作的机动时间，可以更好地运用和调配人力与设备，节约人力、物力，达到降低成本的目的。

4）对计划的优劣进行比较，可在若干可行性方案中选择最优方案。

5）在计划执行过程中，当某一工作因故提前或延后时，能从计划中预见到它对其他工作及总工期的影响程度，便于及早采取措施以充分利用有利的条件或有效地消除不利的因素。

6）可以利用现代化的计算工具——计算机，对复杂的网络计划进行绘图、计算、检查、调整与优化。

网络计划的缺点是从图上很难清晰地看出流水作业的情况，也难以根据一般网络图算出人力及资源需要量的变化情况。

综上所述，网络计划的最大特点就在于它能够提供施工管理所需的多种信息，有利于加强工程管理。它有助于管理人员合理地组织生产，使他们做到心中有数，知道管理的重点应放在何处，怎样缩短工期，在哪里挖掘潜力，如何降低成本。在工程管理中提高应用网络计划的水平，必能进一步提高工程管理的水平。

## 2. 双代号网络计划

双代号网络计划是目前我国建筑业应用较为广泛的一种网络计划表达形式，它是由若干表示工作的箭线（arrow）和节点（node）所构成的网状图形，其中每一项工作都用一根箭线和两个节点来表示，每一个节点都编以号码，箭线前后两个节点的号码代表该箭线所表示的工作，"双代号"的名称即由此而来。

（1）双代号网络图的组成

双代号网络图主要由工作（activity）、节点（node）和线路（path）组成。

1）工作

A. 工作又称工序、活动，是指计划按需要粗细程度划分而成的一个消耗时间或消耗资源的子项目或子任务。

在双代号网络图中的工作用箭线表示，i 为箭尾节点，表示工作的开始；j 为箭头节点，表示工作的结束。工作的名称写在箭线的上面，完成工作所需要的时间写在箭线的下面。若箭线垂直向下画或垂直向上画，工作名称应书写在箭线左侧，工作持续时间书写在箭线右侧。

即使不消耗人力、物力，但要消耗时间的活动过程仍然是工作。例如，混凝土浇筑后的养护过程，几乎不消耗资源，但需要时间去完成，仍然是工作。

B. 不消耗时间和资源的工作称为虚工作（dummy activity），即虚工作的持续时间为零。通常用虚箭线表示。当虚箭线很短，在画法上不易表示时，可采用工作持续时间为零的实箭线标示。虚工作实际上是用来表示工作间逻辑关系的一种符号。

2）节点

A. 在网络图中箭线的出发点和交汇处通常画上圆圈，用以标志该圆圈前面一项或若干项工作的结束和允许后面一项或若干项工作开始的时间点称为节点（也称为结点、事件）。

B.在网络图中，节点不同于工作，它只标志着工作的结束和开始的瞬间，具有承上启下的衔接作用，而不需要消耗时间或资源。节点的另一个作用是，在网络图中，一项工作可以用其前后两个节点的编号表示。

3）线路

网络图中从起点节点开始，沿箭线方向连续通过一系列箭线与节点，最后到达终点节点所经过的通路，称为线路。每一条线路都有自己确定的完成时间，它等于该线路上各项工作持续时间的总和，称为线路时间。

线路图中有许多条线路，其中一条线路的时间最长，像这样在整个网络线路中线路时间最长的线路称为关键线路（也称主要线路），位于关键线路上的工作称为关键工作。

关键工作完成的快慢直接影响着整个计划工期的实现。因此为了醒目，关键线路一般用粗箭线（或双箭线、红箭线）来表示。

（2）双代号网络图的绘制

1）项目的分解

任何一个工程项目都是由许多具体工作和活动所组成的。所以，要绘制网络图，首要的问题是将一个项目根据需要分解成一定数量的独立工作和活动，其粗细程度可以根据网络计划的作用加以确定，宏观控制的网络计划，可以分解得粗一些；具体实施的网络计划，可以分解得细一些。项目分解和工艺、方法的确定是密切相关的。对于较复杂的项目，项目分解是一项深入细致的工作，通常是在工艺和方法确定的基础上进行的。项目分解的结果是要明确工作的名称、工作的范围和内容等。施工项目结构分解的方法主要有以下几种。

A.按实施过程进行分解。一个完整的施工项目，必然有一个实施的全过程，按实施过程进行分解即可得到项目的实施活动。常见的施工项目分为施工准备工作、地基基础工程、主体工程、机械和电气设备安装、附属设施、装饰工程和竣工验收等。

按实施过程进行分解并非在项目结构图的最底层，通常在第二层或第三层。例如，某土建施工项目中共有施工准备工作、地基基础工程、土方及外防水工程、地下结构、上部结构、附属设施、土建竣工验收7个二级项目单元。

B.按平面或空间位置进行分解。对于一个项目、子项目可以按几何形体分解。例如，地下结构按平面位置，可分解为地基承台底板、电梯井、墙柱、框架结构、现浇钢筋混凝土板、预埋管线、楼梯等三级项目单元。

C. 按功能进行分解。功能是建好后应具有的作用，它常常是在一定的平面和空间上起作用的，所以有时又被称为"功能面"。工程项目的运行实质是各个功能作用的组合。一般房屋建筑都具备建筑和主体结构这两个主要功能，而其他的功能与建筑用途有关。例如，娱乐城可能划分为娱乐和服务的功能，如第四级项目单元框架结构的施工准备区、桑拿区、保龄球馆区、健身房区等。

D. 按要素进行分解。一个功能区分为各个专业要素，分解时必须有明显的专业特征。如在第四级各功能面上还可再分为配电及控制室等要素。同时，这些要素还可以进一步分解为子要素，如配电室可分为供电系统和照明系统等。

在对施工项目进行结构分解时，这些方法的选择是有针对性的，应符合工程的特点和项目自身的规律，以实现项目的总目标。

2）工作的逻辑关系分析及其表示方式

在网络计划中，正确地表示各工作间的逻辑关系是一个核心问题。逻辑关系就是各个工作在进行作业时，客观上存在的一种先后顺序关系。工作的逻辑关系分析是根据施工工艺和施工组织的要求，确定各道工作之间的相互依赖和相互制约的关系，以方便绘制网络图。这种逻辑关系可归纳为工艺关系和组织关系两大类。

A. 工艺关系。它是由施工工艺或工作程序决定的工作之间的先后顺序关系。

B. 组织关系。它是在施工过程中，由于组织安排需要和资源（人工、机械、材料和构件等）调配需要而规定的先后顺序关系。在网络图中，各工作之间在逻辑上的关系是变化多端的。

3）虚箭线在双代号网络图中的应用

通过前面介绍的各种工作逻辑关系的表示方法，我们可以清楚地看出，虚箭线不是一项正式工作，而是在绘制网络图时根据逻辑关系的需要而增设的。虚箭线的作用主要是帮助正确表达各工作间的关系，避免逻辑错误。

4）绘制双代号网络图的基本规则

网络计划技术在建筑施工中主要用来编制建筑施工企业或工程项目生产计划和工程施工进度计划。因此，网络图必须正确地表达整个工程的施工工艺流程和各项工作开展的先后顺序以及它们之间相互制约、相互依赖的约束关系。为此，在绘制网络图时必须遵循一定的规则。

A. 双代号网络图必须正确地表达已确定的逻辑关系。

B. 在网络图中严禁出现循环回路。

在网络图中，从一个节点出发沿着某一条线路移动，又回到原出发节点，即在网络图中出现了闭合的循环路线，称为循环回路。它表示的网络图在逻辑关系上是错误的，在工艺关系上是矛盾的。

C. 双代号网络图中，在节点之间严禁出现带双箭头或无箭头的连线。

D. 网络图中，严禁出现没有箭头节点或没有箭尾节点的箭线。

E. 当网络图的某些节点有多条内向箭线或多条外向箭线时，为使图形简洁，在不违背"一项工作应只有唯一的一条箭线和相应的一对节点编号"规定的前提下，可采用母线法绘图。

F. 绘制网络图时，箭线不宜交叉，当交叉不可避免时，不能直接相交画出，可选用过桥法或指向法。

G. 在网络图中，应只有一个起点节点。在不分期完成任务的网络图中，应只有一个终点节点，而其他所有节点均应是中间节点。

5）网络图的编号

按照各道工作的逻辑顺序将网络图绘好之后，就要给节点进行编号。编号的目的是赋予每项工作一个代号，便于网络图进行时间参数的计算。当采用电子计算机来进行计算时，工作代号就显得更为必要。

网络图的节点编号应遵循以下规则。

A. 一条箭线的箭尾节点的号码应小于箭头节点的号码（即 i<j）。

B. 在一个网络计划中，所有的节点都不能出现重复的编号，但是号码可以不连续，即中间可以跳号，如编成 1，3，5……或 10，15，20……均可。

节点编号的方法。网络图的节点编号除应遵循上述原则外，在编排方法上也有一定的技巧，一般编号方法有水平编号法和垂直编号法。

6）双代号网络图绘制步骤

绘制网络图的关键是确定工作间的逻辑关系，当已知一项工作的紧前工作时，其绘制步骤如下。

A. 绘制没有紧前工作的箭线，使它们自同一节点开始。

B. 依次绘制其他工作箭线。

当工作只有一项紧前工作时，则将该工作箭线画在紧前工作箭线之后即可；若该工作有多项紧前工作时，应具体分析。

对于所要绘制的工作，若在其紧前工作中存在一项只作为该工作紧前工作的工作，则应将该工作箭线直接画在其紧前工作箭线之后，然后用虚箭线将其他紧前工作的箭头节点与该工作箭线的箭尾节点分别相连。

对于所要绘制的工作，若在其紧前工作中存在多项只作为该工作紧前工作的工作，应先将这些紧前工作的箭头节点合并，再从合并的阶段后画出该工作箭线，最后用虚箭线将其他紧前工作的箭头节点与该工作箭线的箭尾节点分别相连。

对于所要绘制的工作，若不存在前两种情况时，应判断该工作的所有紧前工作是否都同时作为其他工作的紧前工作。如果上述条件成立，应先将这些紧前工作箭线的箭头节点合并后，再从合并的节点开始画出该工作箭线。

对于所要绘制的工作，若不存在前三种情况时，应将该工作箭线单独画在其紧前工作箭线之后的中部，然后用虚箭线将其紧前工作箭线的箭头节点与该工作箭线的箭尾节点分别相连。

C. 合并没有紧后工作的工作箭线的箭头节点。

D. 节点编号。

当已知每一项工作的紧后工作时，绘制方法类似，只是其绘图的顺序由上述的从左向右改为从右向左。

（3）双代号网络计划时间参数的计算

分析和计算网络计划的时间参数，是网络计划方法的一项重要技术内容。通过计算网络计划的时间参数，可以确定完成整个计划所需要的时间——计划的推算工期；明确计划中各项工作的起止时间限制，分析计划中各项工作对整个计划工期的不同影响，从工期的角度区分出关键工作与非关键工作；计算出非关键工作的作业时间有多少机动性（作业时间的可伸缩度）。所以计算网络计划的时间参数，是确定计划工期的依据，是确定网络计划机动时间和关键线路的基础，是计划调整与优化的依据。

网络计划时间参数计算的基础是工作持续时间（duration），一般用符号 D 表示。

（4）双代号时标网络计划

双代号时标网络计划（以下简称时标网络计划）是以时间坐标为尺度表示工作时间的网络计划。时标的时间单位应根据需要在编制网络计划之前确定，可为小时、天、周、月或季等。由于时标网络计划具有形象直观、计算量小的突出优点，在工程实践中应用比较普遍，在编制实施网络计划时其应用面甚至多于无时标网络计划，因此其编制方法和使用方法已受到应用者的普遍重视。

1）时标网络计划绘制的一般规定

A.时标网络计划应以实箭线表示工作，以虚箭线表示虚工作，以波形线表示工作的自由时差。无论哪一种箭线，均应在其末端绘出箭头。

B.当工作中有时差时，波形线紧接在实箭线的末端；当虚工作有时差时，不得在波线之后画实线。

C.工作开始节点中心的右半径及工作结束节点的左半径的长度，斜线水平投影的长度均代表该工作的持续时间值。因此，为使图形表达清楚、易读易懂易计算，在时标网络计划中尽量不用斜箭线。

D.时标网络计划宜按最早时间编制，即在绘制时应使节点和虚工作尽量向左靠，但是不能出现逆向虚箭线。这样其时差出现在最早完成时间之后，这就给时差的应用带来了灵活性，并使时差有实际应用的价值。

2）时标网络计划的绘制

时标网络计划的绘制首先需要根据无时标的网络计划草图计算其时间参数并确定关键线路，然后在时标网络计划表中进行绘制。在绘制时应先将所有节点按其最早时间定位在时标网络计划表中的相应位置，然后用规定线型（实箭线和虚箭线）按比例绘出工作和虚线工作。当某些工作箭线的长度不足以到达该工作的完成节点时，需用波形线补足，箭头应画在与该工作完成节点的连接处。

A.绘制网络计划草图。

B.计算节点最早时间（或工作最早时间）并标注在图上。

C.在时标表上，按节点最早时间确定节点的位置（或按最早开始时间确定每项工作开始节点的位置）（图形尽量与草图保持一致）。

D.按各工作的时间长度绘制相应工作的实线部分，使其水平投影长度等于工作持续时间。虚工作因为不占用时间，故只能以点或垂直虚线表示。

E.用波形线把实线部分与其紧后工作的开始节点连接起来，以表示自由时差。

3）时标网络计划中时间参数的判定

A.关键线路的判定。时标网络计划中的关键线路可从网络计划的终点节点开始，逆着箭线方向进行判定；自始至终不出现波形线的线路即关键线路。其原因是如果某条线路自始至终都没有波形线，这条线路就都不存在自由时差，也就不存在总时差，自然也就没有机动余地，所以就是关键线路。或者说，这条线路上的各项工作的最迟开始时间与最早开始时间是相等的，这样的线路特征也只有关键线路才能具备。

B.计算工期的判定。时标网络计划的计算工期，应等于其终点节点所对应的时标值与起点节点所对应的时标值之差。

### 3.单代号网络计划

单代号网络计划是在工作流程图的基础上演绎而成的网络计划形式。由于它具有绘图简便、逻辑关系明确、易于修改等优点，因此，在国内外日益受到普遍重视，其应用范围和表达功能也在不断发展和壮大。

（1）单代号网络图的构成及基本符号

1）单代号网络图的构成。单代号网络图又称节点式网络图，它以节点及其编号表示工作，以箭线表示工作之间的逻辑关系。

2）节点及其编号。在单代号网络图中，节点及其编号表示一项工作。该节点宜用圆圈或矩形表示，圆圈或方框内的内容（项目）可以根据实际需要来填写和列出，如可标注出节点编号、工作名称和工作持续时间等内容。

3）箭线。单代号网络图中的箭线表示紧邻工作之间的逻辑关系，箭线应画成水平直线、折线或斜线，箭线水平投影的方向应自左向右，表示工作的进行方向。箭线的箭尾节点编号应小于箭头节点的编号。单代号网络图中不设虚箭线。单代号网络图中节点表示工作本身，其后的箭线指向其紧后工作。箭线既不消耗资源，也不消耗时间，只表示各项工作间的逻辑关系。相对于箭尾和箭头，箭尾节点称为紧前工作，箭头节点称为紧后工作。

（2）单代号网络图的绘制方法

单代号网络图比双代号网络图的绘制容易，也不易出错，关键是要处理好箭线交叉，使图形规则，便于读图。

（3）单代号网络图的绘图规则

单代号网络图的绘图规则与双代号网络图的绘图规则基本相同，主要区别在于：当网络图中有多项开始工作时，应增加一项虚拟的工作（开始），作为该网络图的起点节点；当网络图中有多项结束工作时，应增设一项虚拟的工作（结束），作为该网络图的终点节点，其中开始和结束为虚拟工作。

**4. 施工进度计划实施的检查**

（1）影响建设工程施工进度的因素

为了对建设工程进行有效的控制，监理工程师必须在施工进度计划实施之前对影响建设工程施工进度的因素进行分析，进而提出保证施工进度计划实施成功的措施，以实现对建设工程施工进度的主动控制。影响建设工程施工进度的因素如下。

1）工程建设相关单位的影响。影响建设工程施工进度的单位不只是承包单位。事实上，凡是与工程建设有关的单位，如政府、业主、设计、物资供应、贷款，以及运输、通信、供电等部门，其工作进度的拖后必将对施工进度产生影响。因此，控制施工进度仅仅考虑承包单位是不够的，必须充分发挥监理的作用，协调各相关单位之间的进度关系。对于无法进行协调控制的进度关系，在进行进度计划安排时应留有足够的机动时间。

2）物资供应进度的影响。施工过程中需要的材料、构配件、机具和设备等如果不能按期运抵施工现场，或者是运抵施工现场后发现其质量不符合有关标准的要求，都会对施工进度产生影响。因此，监理工程师应严格把关，采取有效措施控制好物资供应进度。

3）资金的影响。工程施工的顺利进行必须有足够的资金做保障。一般来说，资金的影响主要来自业主，如未及时拨付工程预付款、拖欠工程进度款等，都可能影响承包单位流动资金的运转，进而影响工程进度。监理工程师应根据业主的资金供应能力，安排好施工进度计划，并督促业主及时拨付工程预付款和工程进度款，尽量避免由此而影响进度，导致工期索赔。

4）设计变更的影响。在施工过程中出现设计变更是难免的，如原设计出现问题需要修改，或者业主提出了新的要求等。监理工程师应加强图纸的审查，严格控制随意变更，特别应对业主提出的非必要的变更要求进行制约。

5）施工条件的影响。在施工过程中一旦遇到气象、水文、地质及周围环境等方面的不利因素，必然会影响施工进度。此时，承包单位应利用自身的技术与组织能力予以克服。监理工程师应积极进行协调，协助承包单位解决那些自身不易解决的问题。

6）各种风险因素的影响。风险因素包括政治、经济、技术及自然等方面的各种可预见或不可预见的因素，如内乱、罢工、延迟付款、通货膨胀、工程事故、标准变化、地震、洪水等。监理工程师必须对各种风险因素进行分析，提出控制风险，减少风险损失及对施工进度产生影响的措施。

7）承包单位自身管理水平的影响。施工现场的情况千变万化，如承包单位的施工方案不当、计划不周、管理不善、解决问题不及时等，都会影响工程的施工进度。承包单位应通过分析、总结，吸取教训，及时改进。而监理工程师应通过服务，协助承包单位解决问题，以确保施工进度控制目标的实现。

总之，在进度控制时可充分利用有利因素，预防和克服不利因素，使进度目标制定得更加可行。在进度控制实施过程中，事先制定预防措施，事中采取有效办法，事后进行妥善补救，缩小实际进度与计划进度的偏差，争取对工程进度实施主动控制和动态控制。

（2）施工进度计划的检查与监督

工程项目在施工过程中，由于受各种因素的影响，其进度计划在执行过程中往往会出现偏差。

如果偏差不能得到及时纠正，工程项目的总工期将会受到影响。因此，监理工程师应定期、经常地对进度计划的执行情况进行检查、监督，及时发现问题，及时采取纠偏措施。施工进度的检查与监督，主要包括以下几项工作。

1）在施工进度计划的执行过程中，定期收集反映实际进度的有关数据。在施工过程中，监理工程师可以通过以下三种方式全面而准确地掌握进度计划的执行情况。

A. 定期、经常地收集由承包单位提交的有关进度的报表资料。

B. 常驻施工工地，现场跟踪检查工程项目的实际进展情况。

C. 定期召开现场会议。

2）对收集的数据进行整理、统计、分析。收集到有关的进度资料后，应进行必要的整理、统计，形成与计划进度具有可比性的数据资料。例如，根据本期实际完成的工程量确定累计完成的工程量，根据本期完成的工程量百分率确定累计完成的工程量百分率等。

3）对比实际进度与计划进度。对比实际进度与计划进度，当出现进度偏差时，分析该偏差对后续工作及总工期产生的影响，并做出是否要进行进度调整的判断。

（3）实际进度与计划进度的比较方法

实际进度与计划进度对比是将整理统计的实际进度数据与计划进度数据进行比较。常用的比较的方法包括横道图比较法、S形曲线比较法、香蕉曲线比较法、前锋线比较法以及列表比较法。

1）横道图比较法

横道图比较法是指将项目实施过程中检查实际进度收集到的数据，经加工整理后直接用横道线平行绘于原计划的横道线处，对实际进度与计划进度进行比较的方法。横道图比较法可以形象、直观地反映实际进度与计划进度的比较情况。根据工程项目中各项工作的进展是否匀速进行，可分别采用以下两种方法进行实际进度与计划进度的比较。

A.匀速进展横道图比较法。匀速进展是指在工程项目中，每项工作在单位时间内的任务量是相等的，即工作的进展速度是均匀的。此时，每项工作累计完成的任务量与时间呈线性关系。

匀速进展横道图比较法的步骤如下。

a.编制横道图进度计划。

b.在进度计划横道线下方标出检查日期。

c.将检查收集到的实际进度数据经加工整理后按比例用涂黑的粗线标明计划进度的下方。

d.对比分析实际进度与计划进度:如果涂黑的粗线右端落在检查日期左侧，表明实际进度拖后；如果涂黑的粗线右端落在检查日期右侧，表明实际进度超前；如果涂黑的粗线右端与检查日期重合，表明实际进度与计划进度一致。

B.非匀速进展横道图比较法。当工作在不同单位时间里的进展速度不相等时，累计完成的任务量与时间的关系就不可能是线性关系。此时，应采用非匀速进展横道图比较法进行工作实际进度与计划进度的比较。非匀速进展横道图比较法在用涂黑粗线表示工作实际进度的同时，还要标出其对应时刻完成任务量的累计百分比，并将该百分比与其同时刻计划完成任务量的累计百分比相比较，判断工作实际进度与计划进度之间的关系。

非匀速进展横道图比较法的步骤如下。

a.编制横道图进度计划。

b.在横道线上方标出各主要时间工作的计划完成任务量累计百分比。

c.在横道线下方标出相应时间工作的实际完成任务量累计百分比。

d.用涂黑粗线标出工作的实际进度，从开始目标起，同时反映出该工作在实施过程中的连续与间断情况。

e.通过比较同一时刻实际完成任务量累计百分比和计划完成任务量累计百分比，判断工作实际进度与计划进度之间的关系。

2)S形曲线比较法

S形曲线比较法是以横坐标表示时间，纵坐标表示累计完成任务量，绘制一条按计划时间累计完成任务量的S形曲线；然后将工程项目实施过程中各检查时间实际累计完成任务量的S形曲线也绘制在同一坐标系中，进行实际进度与计划进度比较的一种方法。

S形曲线比较法的步骤如下。

A.绘制计划进度S形曲线。

a.确定工程计划进度曲线，依据每单位时间内完成的实物工程量、投入的劳动力或费用，计算出计划单位时间的量值，它是离散型的。

b.计算规定时间累加完成的任务量。其计算方法是将各单位时间完成的任务量累加求和。

c.按各规定时间，绘制S形曲线。

d.绘制实际进度S形曲线。在工程项目实施过程中，按照规定时间将检查收集到的实际累计完成任务量绘制在原计划S形曲线图上，即得到实际进度S形曲线。

e.得到实际控制信息。通过比较实际进度S形曲线和计划进度S形曲线，可得出工程项目实际进展状况、工程项目实际进度超前或拖后的时间、工程项目实际超额或拖欠的任务量、后期工程进度预测等信息。

3）香蕉曲线比较法

香蕉曲线是由两条曲线组合而成的闭合曲线。其中一条曲线是以各项工作最早开始时间 ES 安排进度计划而绘制的 S 形曲线，称为 ES 曲线；另一条曲线是以各项工作最迟开始时间 LS 安排进度计划而绘制的 S 形曲线，称为 LS 曲线。两条 S 形曲线具有相同的起点和终点，因此，两条曲线是闭合的。由于该闭合曲线形似香蕉，故称为香蕉曲线。

A. 绘制香蕉曲线

a. 以工程项目的网络计划为基础，计算各项工作的最早开始时间 ES 和最迟开始时间 LS。

b. 根据各项工作按照最早开始时间安排的进度计划和根据最迟开始时间安排的进度计划分别来确定各项工作在各单位时间的计划完成任务量。

c. 计算出工程项目总任务量，即对所有工作在各单位时间计划完成的任务量累加求和。

d. 分别根据各项工作按最早开始时间、最迟开始时间安排的进度计划，确定工程项目在各单位时间完成的任务量，即将各项工作在某一单位时间内计划完成的任务量求和。

e. 分别根据各项工作按最早开始时间、最迟开始时间安排的进度计划，确定不同时间累计完成的任务量或任务量的百分比。

f. 分别根据各项工作按最早开始时间，最迟开始时间安排的进度计划，确定累计完成任务量或任务量的百分比描绘各点，并连接各点得到 ES 曲线和 LS 曲线，由此组成香蕉曲线。

B. 香蕉曲线比较法的应用

a. 合理安排工程项目进度计划。如果工程项目中的各项工作均按其最早开始时间安排进度，将导致项目的投资加大；而如果各项工作都按其最迟开始时间安排进度，则一旦受到进度影响因素的干扰，又将导致工期拖延，使工程进度风险加大。因此，一个科学合理的进度计划优化曲线应处于香蕉曲线所包络的区域之内。

b. 定期比较工程项目的实际进度与计划进度。在项目实施过程中，按照规定时间将检查收集到的实际累计完成任务量绘制在香蕉曲线图上，即得到实际 S 形曲线，便可以与计划进度进行比较。工程项目实施进度的理想状态是任一时刻工程实际进度 S 形曲线上的点均落在香蕉曲线图的范围内。如果工程实际进度 S 形曲线上的点落在 ES 曲线的左侧，表明此刻实际进度比各项工作按其最早开始时间安排的计划进度超前；如果工程实际进度 S 形曲线上的点落在 LS 曲线的右侧，表明此刻实际进度比各项工作按其最迟开始时间安排的计划进度拖后。

c. 预测后期工程进展趋势。如果后期工程按原计划速度进行，则可以做出后期工程进展情况的预测。

4）前锋线比较法

前锋线比较法是通过绘制某检查时刻工程项目实际进度前锋线，进行工程实际进度与计划进度比较的方法，它主要适用于时标网络计划。所谓前锋线是指在原时标网络计划上，从检查时刻的时标点出发，用点画线依次将各项工作实际进展位置点连接而成的折线。前锋线比较法就是通过实际进度前锋线与原进度计划中各工作箭线交点的位置来判断工作实际进度与计划进度的偏差，进而判定该偏差对后续工作及总工期影响程度的一种方法。

采用前锋线比较法进行实际进度与计划进度的比较，其步骤如下。

A. 绘制时标网络计划图。按照时标网络计划图的绘制方法绘制时标网络图，并在时标网络计划图的上方和下方各设一时间坐标。

B. 绘制实际进度前锋线。从时标网络计划图上方时间坐标的检查日期开始绘制，依次连接相邻工作的实际进展位置点，最后与时标网络计划图下方坐标的检查日期相连接。

工作实际进展位置点的标定方法有如下两种。

a. 按该工作已完成任务量比例进行标定。假设工程项目中各项工作均为匀速进展，根据实际进度检查时刻该工作已完成任务量占其计划完成总任务量的比例，在工作箭线上从左到右按相同的比例标定其实际进展位置点。

b. 按尚需作业时间进行标定。当某些工作的持续时间难以按实物工程量来计算而只能凭经验估算时，可以先估算出检查时刻到该工作全部完成尚需作业的时间，然后在该工作箭线上从右到左逆向标定其实际进展位置点。

c. 对实际进度与计划进度进行比较。对于某项工作，其实际进度与计划进度之间的关系可能存在以下三种情况。

d. 工作实际进展位置点落在检查日期的左侧，表明该工作实际进度拖后，拖后的时间为两者之差。

e.工作实际进展位置点与检查日期重合，表明该工作实际进度与计划进度一致。

f.工作实际进展位置点落在检查日期的右侧，表明该工作实际进度超前，超前的时间为两者之差。

C.预测进度偏差对后续工作及总工期的影响。通过实际进度和计划进度的比较确定进度偏差后，还可以根据工作的自由时差和总时差预测该进度偏差对后续工作和总工期的影响。

5）列表比较法

当工程进度计划用非时标网络表示时，可以采用列表比较法对实际进度与计划进度进行比较，步骤如下。

A.对于实际进度检查日期应该进行的工作，根据已经作业的时间，确定其尚需作业时间。

B.根据原进度计划计算检查日期应该进行的工作从检查日期到原计划最迟完成时间尚余时间。

C.计算工作上有总时差，其值等于工作从检查日期到原计划最迟完成时间尚余时间与该工作尚需作业时间之差。

D.比较实际进度与计划进度，可能有以下几种情况。

a.如果工作上有总时差与原有总时差相等，说明该工作实际进度与计划进度一致。

b.如果工作上有总时差大于原有总时差，说明该工作实际进度超前，超前的时间为两者之差。

c.如果工作上有总时差小于原有总时差，且仍为非负值，说明该工作实际进度拖后，拖后的时间为两者之差，但不影响总工期。

如果工作上有总时差小于原有总时差，且为负值，说明该工作实际进度拖后，拖后的时间为两者之差，此时工作实际进度偏差将影响总工期。

**5.施工进度计划的调整**

在建设工程实施进度监测过程中，一旦发现实际进度偏离计划进度，即出现进度偏差时，必须认真分析产生偏差的原因及其对后续工作和总工期的影响，必要时采取合理、有效的进度计划调整措施，确保进度总目标的实现。

（1）进度调整的主要系统过程

1）分析进度偏差产生的原因

通过实际进度与计划进度的比较，发现进度出现偏差，为了采取有效措施调整进度计划，必须深入现场进行调查，分析进度偏差产生的原因。

2）分析进度偏差对后续工作和总工期的影响

当查明进度偏差产生的原因之后，要分析进度偏差对后续工作和总工期的影响程度，以确定是否采取措施调整进度计划。

分析时需要利用网络计划中工作总时差和自由时差进行判断，分析步骤如下。

A. 分析出现进度偏差的工作是否为关键工作。如果出现进度偏差的工作位于关键线路上，即该工作为关键工作，则无论其偏差有多大，都将对后续工作和总工期产生影响，必须采取相应的调整措施；如果出现偏差的工作是非关键工作，则需要根据进度偏差值与总时差和自由时差的关系做进一步分析。

B. 分析进度偏差是否超过总时差。如果工作的进度偏差大于该工作的总时差，则此进度偏差必将影响其后续工作和总工期，必须采取相应的调整措施；如果工作的进度偏差未超过该工作的总时差，则此进度偏差不影响总工期。至于对后续工作的影响程度，还需要根据偏差值与其自由时差的关系做进一步分析。

C. 分析进度偏差是否超过自由时差。如果工作的进度偏差大于该工作的自由时差，则此进度偏差将对其后续工作产生影响，此时应根据后续工作的限制条件确定调整方法；如果工作的进度偏差未超过该工作的自由时差，则此进度偏差不影响后续工作，因此，原进度计划可以不做调整。

通过分析，进度控制人员可以根据进度偏差的影响程度，制定相应的纠偏措施进行调整，以获得符合实际进度情况和计划目标的新进度计划。

3）确定后续工作和总工期的限制条件

当出现的进度偏差影响后续工作或总工期而需要采取进度调整措施时，应当首先确定可调整进度的范围，主要指关键节点、后续工作的限制条件以及总工期允许变化的范围。这些限制条件往往与合同条件有关，需要认真分析后确定。

4）采取措施调整进度计划

采取进度调整措施，应以后续工作和总工期的限制条件为依据，确保要求的进度目标得到实现。

5）实施调整后的进度计划

进度计划调整之后，应采取相应的组织、经济、技术、合同措施实施调整后的进度计划，并继续监测其执行情况。

（2）进度计划的调整方法

1）改变某些工作间的逻辑关系

当工程项目实施中产生的进度偏差影响总工期，且有关工作的逻辑关系允许改变时，可以改变关键线路和超过计划工期的非关键线路上的有关工作之间的逻辑关系，大大缩短工期的目的。例如，将顺序进行的工作改为平行作业、搭接作业以及分段组织流水作业等，都可以有效地缩短工期。

2）缩短某些工作的持续时间

缩短某些工作的持续时间是不改变工程项目中各项工作之间的逻辑关系，而通过采取增加资源投入、提高劳动效率等措施来缩短某些工作的持续时间，使工程进度加快，以保证按计划工期完成该工程项目。这些被压缩持续时间的工作是位于关键线路和超过计划工期的非关键线路上的工作。同时，这些工作又是其持续时间可被压缩的工作。这种调整方法通常可以在网络图上直接进行。其调整方法视限制条件及对其后续工作的影响程度的不同而有所区别，一般可分为以下三种情况。

A.网络计划中某项工作进度拖延的时间已超过其自由时差但未超过其总时差。

B.网络计划中某项工作进度拖延的时间超过其总时差。如果网络计划中某项工作进度拖延的时间超过其总时差，则无论该工作是否为关键工作，其实际进度都将对后续工作和总工期产生影响。此时，进度计划的调整方法又可分为以下三种情况。

项目总工期不允许拖延。如果工程项目必须按照原计划工期完成，则只能采取缩短关键线路上后续工作持续时间的方法来达到调整计划的目的。

项目总工期允许拖延。如果项目总工期允许拖延，则此时只需以实际数据取代原计划数据，并重新绘制实际进度检查日期之后的简化网络计划即可。

项目总工期允许拖延的时间有限。如果项目总工期允许拖延，但允许拖延的时间有限，则当实际进度拖延的时间超过此限制时，也需要对网络计划进行调整，以便满足要求。

具体的调整方法是以总工期的限制时间作为规定工期，对检查日期之后尚未实施的网络计划进行工期优化，即通过缩短关键线路上后续工作持续时间的方法来使总工期满足规定工期的要求。

以上三种情况均是以总工期为限制条件调整进度计划的。值得注意的是，当某项工作实际进度拖延的时间超过其总时差而需要对进度计划进行调整时，除需要考虑总工期的限制条件外，还应考虑网络计划中后续工作的限制条件，特别是对总进度计划的控制更应注意。因为在这类网络计划中，后续工作也许就是一些独立的合同段，时间上的任何变化都可能带来协调上的麻烦或者引起索赔。因此，当网络计划中某些后续工作对时间的拖延有限制时，同样需要以此为条件，按前述方法进行调整。

C.网络计划中某项工作进度超前。对建设工程实施进度控制的任务就是在工程进度计划的执行过程中，采取必要的组织协调和控制措施，以保证建设工程按期完成。在建设工程计划阶段所确定的工期目标，往往是综合考虑了各方面因素而确定的合理工期。因此，时间上的任何变化，无论是进度情况，进度控制人员必须综合分析进度超前对后续工作产生的影响，并同承包单位协商，提出合理的进度调整方案，以确保工期总目标的顺利实现。

### （四）网络进度计划的优化

#### 1.优化的意义及内容

网络计划优化，是在计划的编制阶段，在满足既定约束条件下，按照一定目标，通过不断改进网络计划的可行方案，寻求满意结果，从而编制可供实施的网络计划的过程。

网络计划优化的内容包括工期优化、工期费用优化。

#### 2.工期优化

工期优化就是以缩短工期为目标，压缩计算工期，以满足计划工期要求，或在一定条件下使工期最短的过程。工期优化一般通过压缩关键工作持续时间来实现。压缩关键线路，就是通过对某些关键工作采取一定的施工技术和施工组织措施，增加对这些工作的资源（人力、材料、机械等）供应，使其工作持续时间缩短。采用这种方法时应注意：关键工作持续时间缩短，往往会引起关键线路的转移，因此，每压缩一次均应求出新的关键线路，再次压缩时，压缩对象应是新的关键线路上的关键工作。

（1）压缩关键工作时应考虑的因素

1）工作持续时间缩短后，相应使得工作对资源的需求强度加大。当资源供应充足时，只需向要压缩的工作增加资源供应；当资源供应受限时，则可利用非关键工作的机动时间，减少向某些非关键工作的资源供应（此时该非关键工作持续时间延长），而把这些资源抽调至要压缩的关键工作上。

2）资源供应增加的幅度还受工作面限制。

3）应保证缩短工作持续时间对工程质量和生产安全影响不大。

4）应优先选择缩短工作时间所需增加费用较少的方案。

（2）压缩关键工作优化工期的步骤

1）确定初始网络计划的计算工期、关键工作和线路。

2）按照要求工期计算应缩短的时间$\triangle T$：

3）按照多种因素确定关键工作能缩短的时间。

4）选择关键工作压缩其持续时间，并重新计算网络计划的计算工期。若被压缩后的关键工作变成非关键工作，则应延长其持续时间，使之仍为关键工作。

5）当新的计算工期仍超过要求工期时，重复步骤2）~4），直至计算工期满足要求或者不能再压缩。

6）当有关键工作的持续时间都已经达到其能够缩短的极限，而寻求不到继续缩短工期的方案，计算工期仍不能满足要求时，应对施工组织方案调整或者对要求工期重新审定。

## 二、BIM技术对项目施工阶段应用的必要性

### （一）概述

20世纪80年代，随着计算机技术的发展，以CAD为代表的电脑制图开始出现，并因其相对于传统的二维制图表现出的极大优势，迅速发展和普及。CAD制图大大提高了绘图效率，但2D CAD时代建筑相关数据都是以二维图纸的方式传递，容易出现信息断层和错乱现象。当今，建筑设计项目的复杂性越来越高，而且设计周期短、工期紧，传统设计方式面临难以克服的瓶颈，存

在各专业设计信息交流不畅、数据重复使用率低、项目各参与方沟通困难等问题。随后逐渐出现了 3DMax、Inventor 等三维设计软件，这类软件对于模型查看有一定的便利性，但并不能解决信息传递困难、容易出现断层的问题。

随着工程发展规模的不断扩大，项目组织结构、技术应用、信息量等复杂性增加，这些问题变得更加严重，导致工程项目争端增加，各参与方之间协调困难。信息传递不畅一方面导致频繁返工，费用增加，工期延长；另一方面业主与承包商之间、承包商与设计人员之间的沟通不顺畅导致设计人员对业主的需求了解不深，承包商对于设计人员的设计方案不能准确理解和实施，项目的最终结果只能是不符合业主的要求。提供项目管理水平的关键在于促进信息的流通性，实现项目整个生命周期的协同管理。

以建筑全生命过程中建筑信息的共享与转换为核心的 BIM 技术为建设工程项目协同管理提供了可行的办法，BIM 基于包含建筑工程相关信息的三维模型为基础，进行全生命周期的信息管理，为信息的传播和共享提供了平台。

BIM（Building Information Model）概念最早是在 1975 年由美国建筑与计算机专业的博士查克·伊斯曼提出的，他把 BIM 定义为综合了建筑所有几何尺寸、构件属性、功能特征等信息的建筑模型。另外，该模型还包含了设计变更、施工管理、运营维护等全生命周期相关过程信息。20 世纪 80 年代后期，芬兰学者提出了"Product Information Model"系统。1982 年，又出现了虚拟建筑模型（VBM）概念，该技术理念由 Graphisoft 公司提出，与 BIM 理念非常接近，但当时条件有限，缺乏相关工具，该技术并没有广泛地应用于实际中。1986 年，美国学者 Robert Aish 又提出了"Building Modeling"概念。到 2002 年，Autodesk 公司又提出了 BIM（Building Information Modeling）概念，这一技术理念引起了人们的关注，并进行了大量研究，对其寄予厚望，然而缺乏合适的 BIM 工具，这一技术还只停留在理论阶段。直到 2004 年，随着 BIM 软件的开发，才逐渐将 BIM 技术用于实际项目中。

当前，BIM 在不同专业、不同参与者之间协同工作中显示出的极大优势使其受到国内外学者的广泛关注。对 BIM 的应用进行了相关研究，并已大量应用于实际中，提高了建设工程项目协同管理水平。目前，建筑工程设计正处在从传统设计到 BIM 设计的过渡阶段。一些设计单位已经在一定程度上完成了设计成果从仅有"二维图纸"到"二维图纸和 BIM 模型"的转变，但全生命周期的项目协同还存在问题。

BIM 应用并不是一个软件或一类软件的事，而是涉及不同专业不同类别的多种软件，BIM 软件的孤立使用并不是真正的 BIM 应用，只有全生命周期的协同应用才是 BIM 的价值所在。BIM 软件的协同是 BIM 协同应用的关键。

理论上 BIM 软件可以通过 IFC 进行信息传递和协同，但研究表明 IFC 在 BIM 软件中导入导出过程中会出现信息缺失、错误等问题，影响 BIM 软件的协同应用。目前，BIM 软件协作流程不明确，对软件及软件的协作性能及软件质量缺乏客观评价，BIM 软件选择较盲目，容易导致软件使用过程中协作不畅，造成信息损失，并且导致软件应用成本和效果等难以控制。

上述问题阻碍了 BIM 技术的推广，严重制约了建筑行业生产率水平的提高。如何有针对性地选择合适的软件，既满足项目需要，又能尽量节约成本是用户最关心的问题，因此，对 BIM 软件选择系统的研究有着非常重要的意义。

当前，施工阶段的 BIM 应用主要是通过专业团队完成 BIM 建模，通过 IFC 文件或特定文件格式将 BIM 模型的数据导入施工应用软件，协助施工单位完成施工深化设计、施工模拟、碰撞检查等，利用基于 BIM 技术的实时沟通方式能够实现施工阶段的信息共享。

在施工项目管理方面，BIM 技术实现了工程施工的信息化管理，提高了施工效率，降低了施工成本，缩短了施工进度，对施工项目管理具有重要意义。

BIM 技术不但有利于施工阶段的技术提升，还完善了施工阶段的管理水平，提升了施工项目的综合效益。

## （二）协同应用的 BIM 工具

BIM 工具是 BIM 应用的载体，BIM 应用的实现需要一系列以 BIM 核心建模软件为中心的各类分析模拟、可视化模型检查、复杂造型深化设计、造价管理、运营管理成果发布等 BIM 软件的支持，离开 BIM 软件的支持，BIM 将只能成为空谈。目前国内外对 BIM 工具还没有统一的定义，很多人把 BIM 认为就是模型设计软件；而有的人认为，三维设计软件就是 BIM 软件。根据参考文献中对 BIM 工具特征的描述，本研究将 BIM 工具核心特征总结如下。

### 1. 支持信息的完全表达

传统的二维图纸是对物体的抽象表达，忽略了很多建筑细节，即便是三维模型，也只是通过线条进行描述的，无法表达相关建筑构件的属性信息。基于BIM软件的模型是建筑物的真实表达，并表达了各构件的属性信息。

### 2. 支持全生命周期信息共享

全生命周期要经过设计、招投标、施工、运行维护等几个阶段，每个阶段都会产生信息，都需要被应用一次甚至多次。BIM软件应支持全生命周期信息共享，从一个软件产生的信息，其他软件利用的时候，就可以直接读入，不需要打印、不需要转录。BIM模型中的信息必须是贯通于建筑全生命周期的，因此BIM软件应具有较好的兼容性和互通性，保证信息在全生命周期流畅传递。

### 3. 支持面向对象的操作

面向对象的操作是BIM软件区别于其他软件的重要特点，通过包含物理属性和功能特性的梁、板、柱、墙体、门窗等实体对象来表达建筑构件，并且梁和柱、门窗与墙体等相交部分能自动结合并扣减，建筑构件之间基于一定几何规则和参数约束进行关联，保证建筑构件间属性连接关系的一致性。

### 4. 以三维及以上的多维为基础

基于BIM的应用是以三维模型为基础，设计成果以三维模型的方式进行交付，模型可视化、设计施工过程模拟、碰撞检测等都必须是在多维模型的基础上完成的，基于多维模型的应用大大提高了施工管理的效率、降低风险。

### 5. 支持参数化技术

对象参数化的信息模型是BIM的又一重要特征。参数化设计包括参数化图元和参数化修改引擎。参数化图元是指每一个BIM对象都包含了标识自身所有属性特征的完整的参数。点击构件就可以查看其尺寸信息及构件造价、材料类别、供应商等信息，也可以用于统计工程量，还可以与其他软件进行数据互用，用于结构分析、节能分析等。

参数化修改是指对于模型中的任何信息变动，都会实现自动同步变更，避免各方信息传递不及时带来的返工，更有助于各专业协调。参数化技术是BIM模型信息关联性及一致性的保证。在设计数据之间存在实时性和一致性的关联，对构件信息进行编辑、修改都是基于同一个对象，修改后所有的信息都会同步更新，表达的数据和图纸也会实时对修改做出对应的调整，保证数据的一致性。

### 6. 支持开放式数据标准

BIM 的应用价值在于协同管理，其协同管理的应用需要依赖不同软件直接的信息交换，在建设全过程中需要使用数十、数百种软件，要满足项目协同应用的需要，必须保证软件之间的信息交换的流畅性，借助于开放式的、公开的、中立的数据标准，有助于全过程软件之间数据的交换。目前通用的 BIM 标准有数据模型标准 IFC、过程标准 IDM、编码标准 IFD，这三个标准构成了建设项目信息交换的三大支柱。

### 7. 支持多专业集成应用

BIM 要集成多种软件一起协同工作，才能发挥 BIM 最大的效益。如集成建筑、结构、机电等专业模型进行碰撞检查、设计审核等，集成的 BIM 工作流能提高项目协作水平、提高运营效率、减少项目费用、缩短项目周期。

### 8. 数据库管理

BIM 软件的另一特点是其背后强大的数据库的支持，这些数据库一方面能够实现信息的多重利用，减少重复建模次数，提供工作效率；另一方面，这些数据能够为工程设计、成本管理、施工优化等提供依据。

狭义的 BIM 工具可以定义为具有以上特征并支持 BIM 技术应用的系列软件，如 Revit、ArchiCAD 等。而广义的 BIM 工具可以定义为所有支持 BIM 技术应用的系列软件，包括 BIM 核心建模软件、与 BIM 接口的分析软件、与 BIM 接口的管理软件、BIM 插件、BIM 接口软件、基于主流 BIM 软件二次开发的软件。如 ETABS、IES 等分析软件，可以跟 BIM 核心软件配合使用，可以当作 BIM 工具；PKPM 在原来软件基础上开发了 Revit 接口，支持信息互导，也可以当作 BIM 工具。

协同是指多个个体或资源相互配合、协调一致地完成某一目标的过程或能力，软件的协同应用是指以协同管理为目标利用不同软件相互配合，协同一致地完成某项任务的过程。软件协同包括人与人之间的协作和不同数据资源之间的互用和集成两个方面。

人与人之间的协作主要是从协同管理的角度实现参与方的相互配合，如通过建设工程项目采购模式、合同管理等进行参与方工作和责任的划分；不同数据资源之间的协同主要是指软件应用过程中数据的流通性，协同的目的是解决信息孤岛问题，实现信息的流通。

BIM应用需要设计、采购、施工、运营阶段全过程信息的高度协作与深度整合，BIM工具是以协同应用为目标的，不只是我们通常所用建模、分析等软件的应用，更重要的是基于各种软件对信息进行集成、整合、再利用。

BIM软件应用的协同效果既受人员协作性影响也受软件协同性影响，BIM软件的协同性是软件选择过程中需要重点考虑的因素，BIM软件的不足是满足单个阶段传递及共享的要求。因此，BIM软件的选择不能只进行单个软件的评价，还需要考虑软件与其他软件可协同性问题，以实现信息的全生命周期管理。

在软件选择上是以协同应用为目标的，其最终是要解决信息断层、信息孤岛等问题，最大限度地支持参与方高效合作。

# 第二节　施工阶段的 BIM 工具

## 一、具体工具种类

针对工程项目的施工阶段，国内外常用的BIM软件主要是RIB系列、Autodesk Navisworks、Innovaya BIM、Bentley Navigator、Solibri Model Checker、鲁班BIM、广联达BIM、斯维尔BIM等。

### 1.RIB（德国 RIB 建筑软件有限公司）

RIB是德国的大型建筑软件供应商，其主要产品有RIB iTWO、RIB TEC（Structural Engineering Software）和RIB STRAITS。

在建筑行业应用最广泛的是RIB iTWO，RIB iTWO拥有全球领先的5D建筑施工全过程管理解决方案,可以导入BIM模型,通过在平台上集成的算量、进度、造价管理等模块,进行碰撞检测、进度管理、算量、招投标管理、合同管理、工程变更等全过程施工管理。RIB公司在多地创建了iTWO五维实验室，由进度、成本、施工等各个领域的人员组成项目团队，使用 iTWO 在 5D 模型环境中进行项目协调和管理。各参与者可以随时通过移动终端查看和管理项目，还可以上传施工管理相关信息，所有信息更新及时、共享方便。

RIB 的优势在于它能够实现进度、成本、虚拟施工等各项工作的高度集成，用它建立的模型信息能够重复利用，由此避免信息损失和工作重复。但是 RIB 只能导入 BIM 模型，不能进行编辑和完善，如果 BIM 模型不完整，是无法在 RIB 中进行模型整合和完善的；而且 RIB 平台无法与 Revit 等核心建模软件双向连接，无法根据设计的更改自动变化。另外 RIB 对结构信息的表达都是通过文字的方式，不能够通过实体模型的方式进行展示，在结构算量方面还存在不足。

### 2.Autodesk Navisworks

Navisworks 也是基于 BIM 技术研发的一款软件，是 BIM 技术工作流程的核心部分。Navisworks 分为四部分，Navisworks Manage、Navisworks Simulate、Navisworks Review 和 Navisworks Freedom。Navisworks 主要用于仿真和优化工期，确定和协调冲突碰撞，团队协作以及在施工前发现潜在问题。其中 Navisworks Manage 和 Navisworks Simulate 可以将设计者的概念设计精确展现，创建准确的施工进度计划表，在项目开始前就可以将施工项目进行三维展示；Navisworks Freedom 是一款面向 NWD 和 DWFTM 文件格式的免费浏览器。在施工过程中应用最多的是 Navisworks Manage，该软件可以将模型融合、施工进度与碰撞检测等工作做到完美结合，还可以制作施工动画、漫游展示等以指导现场施工。

借助 Navisworks 软件，在三维模型中添加时间信息，进行四维施工模拟，将建筑模型与现场的设施、机械、设备、管线等信息加以整合，检查空间与空间、空间与时间之间是否冲突，以便于在施工开始之前就发现施工中可能出现的问题，从而提前处理；也能作为施工的可行性指导，帮助确定合理的施工方案、人员设备配置方案等。在模型中加入造价信息，可以进行 5D 模拟，实现成本控制。另外，BIM 使施工的协调管理更加便捷。信息数据共享和施工远程监控，使项目各参与方建立了信息交流平台。有了这样一个平台，各参与方沟通更为便捷、协作更为紧密、管理更为有效。

### 3.Innovaya

Innovaya 是最早推出 BIM 施工软件的公司之一，支持 Autodesk 公司的 BIM 设计软件，Sage Timberline 预算，Microsoft Project 及 Primavera 施工进度。Innovaya 的主要产品是 Visual Estimating 和 Visual Simulation，用于施工预算和进度管理。Innovaya Visual 5D Estimating 是一款强大的算量软件，不仅可以用于工程量计算，还可以自动将构件和预算数据库连接进行组价。Innovaya 预算数据库根据施工需要对构件进行分类，设定构件的单价，并将其编入数据库。导入 Revit 等模型后，该软件可自动进行工程量计算，并与预算数据库对接，调用相关构件单价，完成工程造价。造价的精确度与构建预算库的精细化程度紧密相关，Innovaya 精细化程度高、预算精确，可以精确到施工装配件上的石膏板、钉子等细节，而且相关信息都可以与三维构件直接链接，使用者可以很方便地查看构件单价和数量。

Innovaya Visual 4D Simulation 是 Innovaya 公司开发的进度管理软件，Visual Simulation 可以将 MS Project 或者 Primavera 活动计划与 3D BIM 模型衔接，也可以将进度计划与构件相关联，在可视化的环境下查看工程进度情况，而且进度模型可以随着进度信息的调整自动更改。

### 4.Bentley Navigator

Bentley Navigator 是一款虚拟施工管理软件，可用于交互信息查看、分析和补充，并提供信息交互平台，保证交互质量，还可以通过三维可视化提前发现施工中可能存在的问题，帮助避免现场施工误差带来的巨大损失。

Bentley Navigator 比 Revit 的功能更全面，平台设计建模能力强，各专业软件划分较细、分析性能好。基于 Project Wise 平台的项目信息共享和协作较方便，使用流畅。但 Bentley 界面较复杂，操作比较难，有时还需要编程，并且软件学习成本高，教学资源少，推广滞后。此外，Bentley 系列软件的管理平台与其他软件平台之间存在不匹配的现象，用户需要经常转换模型形式，操作较为烦琐。

Bentley Navigator BIM 模型审查和协同工作软件利用 Navigator，可以在项目的整个生命周期内更快地做出更明智的决策，并降低项目风险。

首先，使用该软件能在三维模型中通过更加清晰可见的信息，使各方能够更加深入地了解项目的运营情况。其次，在每台设备上都能以一致的体验即时获取最新信息，从而加快项目交付，提供工地现场人员更快、更可靠的问题解决方案，增进项目协调并促进协同工作。最后，在整个项目周期使用Navigator，可以更好地促进协同工作，加快设计、施工和运营的批准速度。在设计阶段，该软件能够通过碰撞检测提供及时的问题解决方案，帮助确保业务间的协调；在施工过程中，可以执行施工模拟，并在办公室、现场和工地之间进行协调，深入了解项目规划和执行情况，为在施工现场发现的问题寻找解决方案；在运营期间，可以在三维模型环境下查看资产信息，利用此功能提高检查和维护的安全性和速度。

### 5.Solibri Model Checker

如果说模型碰撞检查是目前 BIM 应用的基本需求，模型缺陷检查则是该软件一个比较有特点的功能。模型碰撞是几何空间的冲突，但其他建筑属性、逻辑关系等问题，就需要通过缺陷检查才能发现。

各专业的模型协调是一个很重要的 BIM 应用。Solibri Model Checker 利用可自定义的规则、逻辑关系、模型缺陷、几何冲突等一系列综合手段进行分析、协调。通过不同的模型进行对照检查，实现模型版本管理。

由于目前 BIM 软件繁多、相应的 BIM 模型格式也不统一，采用国际标准IFC 是目前比较可行的模型数据交互、整合的方式。Solibri Model Checker 采用国际标准 IFC 进行数据交互，以满足各类 BIM 软件建立的模型可以进行整合的需求。

### 6. 鲁班

鲁班是国内 BIM 技术的倡导者，始终定位于施工阶段 BIM 解决方案，贯穿于施工全过程，提供算量、进度管理、碰撞检查等服务。鲁班 BIM 应用主要包括 BIM 应用套餐、BIM 系统和 BIM 服务。

BIM 应用套餐主要是将传统的鲁班算量软件与 BIM 对接，包括 IFC 导入、分区施工、输出 CAD 图等 1~5 个应用。

BIM 系统主要包括成本管理、进度管理、碰撞检查、集成管理平台等，建筑、结构、安装等各专业可以通过鲁班集成平台进行协同设计，减少沟通错误，提前发现设计问题，提高设计效率，降低相关方的沟通成本，缩短工期。

BIM 服务主要是根据设计模型或设计图创建施工模型，并将模型提供给鲁班 BIM 系统，为 BIM 技术的施工管理应用提供基础支撑。

鲁班有着较强的预算能力，并在此基础上开发了施工管理解决方案，但鲁班没有独立的设计软件，而且与 BIM 核心建模软件协同性较差，对其数据导入困难，需要重新建模。

### 7. 广联达

广联达作为我国建筑行业的大型软件公司，在 BIM 领域也走在前列。广联达公司最开始是提供 BIM 咨询服务，后推出了 BIM 解决方案，并收购了机电专业软件 MagiCAD。

广联达 BIM 应用主要体现在机电设计、三维算量、基于 BIM 的结构施工图设计、三维场地布置、一致性检查、施工模拟、BIM 浏览等方面，其 BIM 软件有 BIM 5D、MagiCAD、GICD（基于 BIM 的结构施工图智能设计软件）、BIM 算量系列、BIM 浏览器、BIM 审图等。

### 8. 斯维尔

斯维尔广泛应用于设计院、业主方、造价咨询单位、施工单位，并提供针对各个单位的解决方案。

对于业主方，斯维尔通过成本管理系统、三维算量软件、计价软件、招标投标电子商务系统及工程管理系统为企业提供成本管理、招标投标、合同管理、竣工结算、设备管理等多项服务。

对于施工单位，斯维尔通过项目管理、材料管理、合同管理、算量、计价等软件为施工单位提供工程量计算、招投标、合同管理等解决方案。

对于造价咨询单位，斯维尔提供的解决方案主要包括造价咨询管理信息系统及三维算量和计价软件。用户可以通过造价咨询管理信息系统进行成本控制、任务处理等，为企业不同部门的数据传递和共享提供统一工作平台。

## 二、各参与方的 BIM 应用

### 1. 政府

BIM 技术的应用改变了传统的政府项目管理工作模式，使政府各管理机构在一定程度上得到了职责再造与优化，具体表现在以下方面。

（1）质量控制责任

政府人员可以通过BIM模型进行仿真模拟，减少与各专业设计工程师之间的协调错误，简化人为的图纸综合审核。在此基础上，政府可以准备BIM协同设计实施计划工程规划书，包括工程评估（选择更优化的方案）：文档管理（如文件、轴网、坐标中心约定）；制图及图鉴管理；数据统一管理；设计进度、人员分工及权限；三维设计流程控制；工程建模，碰撞检测，分析碰撞检测报告；专业探讨反馈，优化设计等，使建设信息标准化，预先对工程全过程质量提出可行性的数据支撑。

（2）工期控制责任

政府通过建立以BIM技术为依托的工程成本数据平台，将传统的2D平面信息扩展到5D或ND的信息模型。将时间和感官动态模拟，应用到了工程行业的工期控制管理当中。投资方只要将包含成本信息的BIM模型上传到系统服务器，系统就会自动对文件进行解析，同时将海量的成本数据进行分类和整理，形成一个多维度的、多层次的、包含三维图形的成本数据库。政府基于BIM平台，只要认真履行建设管理职能；对整个工程的工期进度负责，做到提前策划、精心组织、周密计划；建立强有力的指挥系统，实行领导分管，指挥部总体负责，靠前指挥，主动协调，就可以确保工程的整体推进，工期计划的实施。

（3）造价控制责任

根据政府批准的工程总投资，由政府或者投资公司进行统一支付，合理确定政府内部各部门投资控制工程和费用，监督和指导投资控制目标的落实，考核各部门投资控制管理工作，通过BIM的建筑信息共享和工期阶段性的模拟和计算。对设计（咨询）、监理，施工单位投资控制管理进行统一考核，审批最终结算价款。

（4）智慧城市

智慧城市就是运用信息和通信技术手段感测、分析、整合城市运行核心系统的各项关键信息，从而对包括民生、环保、公共安全、城市服务、工商业活动在内的各种需求做出智能响应。其实质是利用先进的信息技术，实现城市智慧式管理和运行，进而为城市中的人创造更美好的生活，促进城市的和谐，可持续成长。

随着城市数量和城市人口的不断增多，城市被赋予了前所未有的经济、政治和技术的权力，从而使城市发展在世界中心舞台起到主导作用。城市应该应用新的措施使城市管理变得更加智能；城市必须使用新的科技去改善它们的核心系统，从而最大限度地优化和利用有限的能源。

例如，智慧城市可以为市民提供智慧公共服务，建设智慧公共服务和城市管理系统。政府可以建立智慧政务城市综合管理运营平台，满足政府应急指挥和决策办公的需要，对区内现有监控系统进行升级换代，增加智能视觉分析设备，提升快速反应速度，做到事前预警、事中处理及时、迅速；并统一数据、统一网络、建设数据中心、共享平台，提供智慧教育文化服务，建设智慧健康保障体系，建设"数字交通"工程，通过监控、监测、交通流量分布优化等技术，完善公安、城管、公路等监控体系和信息网络系统。

### 2. 建设方

建设单位是 BIM 应用的最大受益者。作为项目的业主，利用 BIM 技术早期就可以对建筑物不同方案的性能做出各种分析、模拟、比较，从而得到高性能的建筑方案。积累的信息不仅可以支持建设阶段降低成本、缩短工期、提高质量，而且可以为建成后的运营、维护、改建、扩建、交易、拆除、使用等服务。因此，不论是建设阶段还是使用阶段，利用 BIM 技术提高建筑物的质量和性能，其最大的受益者永远是业主。

（1）项目开发可行性分析

在项目开发前期，主要工作内容是项目的论证与策划，其涉及范围最广，包括项目定位、资金、营销、设计、建造、销售等，因此，需要建设企业内部多部门共同参与。由于参与部门较多，涉及交流的内容又如此繁杂，反复地调整在所难免。当一个部门的数据做出调整，其他部门的数据都要跟着变动，如果没有良好的用于信息沟通的载体，这些变化将产生大量低效率的重复劳动。

BIM 应用则很好地解决了这一问题，它可以成为各部门信息沟通的纽带和数据载体，为项目决策提供有力的数据依据。同时，通过应用 BIM 技术对项目景观、项目环境日照、项目风环境、项目环境噪声、项目环境温度、户型舒适度及销售价格进行分析，可以为建设单位提供精准的信息。

（2）设计管理

建筑工程设计阶段项目管理（简称设计管理）是建筑工程全过程项目管理

的一部分，涉及从产品研究、市场开拓到项目立项、方案设计、初步设计、施工图设计、施工配合等多个方面，是对建筑工程设计活动的全过程实施监督和管理。

设计管理的突出作用是极大地提高建设单位或开发商的投资效益，在设计阶段为开发商控制项目工程造价，实现降低项目总投资的目的。设计管理的主要作用是尽量在设计阶段及时发现问题、解决问题，避免在施工阶段出现更多设计变更；防止在施工阶段影响建筑工程的质量、进度和工程造价。设计管理的核心是通过建立一套沟通、交流与协作的系统化管理制度，帮助业主和设计方去解决设计阶段中设计单位与业主（建设单位）、政府有关建筑主管部门、承包商以及其他项目参与方的组织、沟通和协作问题，实现建设项目建设的艺术、经济、技术和社会效益平衡。

由于建设项目分阶段开展设计工作的特点，设计管理是一个标准的长流程管理。而通过 BIM 进行设计管理，则可以简化管理流程、压缩路径，从而实现破除信息割裂、共享信息流，使各种信息能够顺畅地流向 BIM 模型。BIM 并不是简单意义地从二维到三维的发展，是为建筑设计、建造以及管理提供协调一致、准确可靠、高度集成的信息模型，是整个工程项目各参与方在各个阶段共同工作的对象，在其不同的设计阶段拥有不可比拟的生命价值。

运用 BIM 进行设计管理带来的最直接变革就是：项目各参建单位，包括建设单位、设计单位、施工单位、政府有关部门等均围绕 BIM 模型开展"三控三管一协调"等工作，以 BIM 模型深化作为核心工作，完成从设计方案模型到运营维护模型的整体交付，从而破除传统模式中很多难以规避的程序化、流程性工作，实现准确、高效、高附加值的设计管理效果。

（3）施工管理

当代中国的建设项目数量之多和规模之大举世瞩目，项目高度不断攀升，复杂程度也随之提高。对于这些大型复杂的项目，能否保质保量、按时完工是每个业主最为关心的问题。目前，施工单位使用的进度计划表主要有两种类型，一种简单但是无法清楚表达，另一种表达清楚了但是过于复杂、累赘。

对于业主及施工管理者而言，直观形象的三维图形、图像或者三维动画的表达形式无疑会有利于对设计、加工、建造、安装及施工的理解，避免错误理解导致的错误建造。BIM 的应用可以实现这一目标。

（4）运营维护管理

项目运营维护管理是整个建筑运营维护阶段生产和服务的全部管理，主要包括以下几个方面。

1）经营管理：为项目最终的使用者、服务者以及相应建筑用途提供经营性管理，维护建筑物使用秩序。

2）设备管理：包括建筑内正常设备的运行维护和修理，设备的应急管理等。

3）物业管理：包括建筑物整体的管理，公共空间使用情况的预测和计划，部分空间的租赁管理，以及建筑对外关系。

建筑运营维护管理的主要问题集中在信息效率上。其目的是实现建筑资产的增值与保值，以及优化运营维护管理以延长资产寿命，提供资产利用率，有效降低资产设备的维护成本。

BIM技术可以保证建筑产品的信息创建便捷、信息存储高效、信息错误率低、信息传递过程精度高等，解决传统运营维护管理过程中最严重的两大问题：数据之间的"信息孤岛"和运营阶段与前期的"信息断流"问题，整合设计阶段和施工阶段的关联基础数据，形成完整的信息数据库，能够方便运营维护信息的管理、修改、查询和调用，同时结合可视化技术，使得项目的运营维护管理更具操作性和可控性。

BIM在运营维护阶段应用的四大优势。

1）数据存储借鉴

利用BIM模型，提供信息和模型的结合，不仅将运营维护前期的建筑信息传递到运营维护阶段，更保证了运营维护阶段新数据的存储和运转。BIM模型所储存的建筑物信息，不仅包含建筑物的几何信息，还包含大量的建筑性能信息。

2）设备维护高效

利用BIM模型可以储存并同步建筑物设备信息，在设备管理子系统中，有设备的档案资料（可以了解各设备可使用年限和性能）、设备运行记录（可以了解设备已运行时间和运行状态）、设备故障记录（可以对故障设备进行及时地处理并将故障信息进行记录、借鉴）、设备维护维修（确定故障设备的及时反馈以及设备的巡视）。

还可利用BIM可视化技术对建筑设施设备进行定点查询，直观地了解项目的全部信息，不仅是传统的基础几何信息，还包括非几何信息，如材料的供应商、设备型号、生产日期、使用年限、设备负责人、对应的合同等。

3）物流信息丰富

采用 BIM 模型的空间规划和物资管理系统，可以随时获取最新的 3D 设计数据，以帮助协同作业。在数字空间模拟现实的物流情况，显著提升庞大物流管理的直观性和可靠性，使服务者了解庞大的物流管理活动，有效降低了服务者进行物流管理时的操作难度。

（5）数据关联同步

BIM 模型的关联性构建和自动化统计特性，对运营维护管理信息的一致性和数据统计的便捷化做出了贡献。

### 3. 设计方

设计单位在 BIM 应用中贡献最大。建筑物的性能基本上是由设计决定的，利用 BIM 模型提供的信息，从设计初期即可对各个发展阶段的设计方案进行各种性能分析、模拟和优化，从而得到具有最佳性能的建筑物。利用 BIM 模型也可以对新形式、新结构、新工艺和复杂节点等施工难点进行分析模拟，从而改进设计方案。利用 BIM 模型还可以对建筑物的各类系统（建筑、结构、机电、消防、电梯等）进行空间协调，确保建筑物产品本身和施工图没有常见的错、漏、碰、缺现象。同时设计用的 BIM 模型还可以提供给施工单位进行方案计划分析，提供给业主单位进行运营维护管理。BIM 建筑信息模型这一平台的建立使得设计单位从根本上改变了二维设计的信息割裂问题。这在目前设计周期普遍较短的情况下，难免出现疏漏。而 BIM 数据是采用唯一、整体的数据存储方式，无论平面图、立面图还是剖面图，其针对某一部位采用的都是同一数据信息。这使得修改变得简便而准确，不易出错，也极大地提高了工作效率。

（1）前期构思

在前期概念构思阶段，设计师面临项目场地、气象气候、规划条件等大量设计信息，对这些信息的分析、反馈和整理是一件非常有价值的事。通过对 BIM 信息技术平台及 GIS 分析软件等的利用，设计师可以更便捷地对设计条件进行判断、整理、分析，从而找出关注的焦点，充分利用已有条件，在设计最初阶段就能朝着最有效的方向努力并做出最适当的决定，从而避免潜在的错误。

在三维设计出现前，建筑师只能依靠透视草图或者实体模型来研究三维空间，这些工具有自己的优势，但也存在一些不足。如绘制草图，可以随心所欲、流畅地表达设计意图，但是在准确性和空间整体感上受到很大限制。实体模型在研究外部形态时有很大的作用，但是其内部空间无法观察，难以提供空间序列关系的直观体验和表达。建筑信息模型以三维设计为基础。采用虚拟现实物体的方法，让电脑取代人脑完成由二维到三维的转化。这样设计师可以将更多的精力投入设计本身，而不是耗费大量精力在二维图纸的绘制上。

（2）BIM 在建筑设计中应用的价值

BIM 技术引入整合了数据库的三维模型，可以将建筑设计的表达与现实过程中的信息集中化、过程集成化，进而大大提高生产效率，减少设计错误。目前国内设计单位的主流方式一般是采用 AutoCAD 绘制平面图、立面图以及剖面图等。这些图纸在绘制时往往有很多内容是重复的，但即使这样还会有很多内容无法表达，需要借助一些说明性的文字或者详图才能解释清楚。同时，在这样的工作量下产生的图纸数量也是庞大的，这也成为提高项目整合度和协作设计的重大障碍。在 BIM 软件平台下，以数据库代替绘图，将设计内容归为一个总数据库而非单独的图纸。该数据库可以作为该项目内所有建筑实体和功能特征的中央存储库。随着设计的变化，构件可以将自身参数进行调整，从而适应新的设计。绿色建筑设计是一项跨学科、跨阶段的综合设计过程，而BIM 的产生正好迎合了这一需求，实现了在单一数据平台上各专业的协调设计和数据集中。通过 BIM 结合相关专业软件应用，可以进行建筑的热工分析、照明分析、自然通风模拟、太阳辐射分析等，为绿色建筑设计带来便利。

（3）BIM 在结构设计中应用的价值

在建筑设计的初步阶段，结构设计就可以同步开展起来，目前设计单位结构设计采用的软件工具与建筑设计一样，主要依靠 AutoCAD 软件进行施工图绘制。首先由建筑师确定建筑的总体设计方案及布局，专业的结构工程师根据建筑设计方案进行结构设计，建筑和结构双方的设计师要在整个设计过程中反复相互提炼，不断修改。

将 BIM 模型应用到结构设计中之后，BIM 模型作为一个信息数据平台，可以把上述结构设计过程中的各种数据统筹管理，BIM模型中的结构构件也具有真实构件的属性及特性，记录了项目实施过程的所有数据信息，可以被实时调用、统计分析、管理与共享。结构设计的BIM应用主要包括结构建模及计算、规范校核、三维可视化辅助设计、工程造价信息统计、输出施工图等，大大提高了结构设计的效率，将设计纰漏出现的概率降到了最低。

（4）BIM在水暖电设计中应用的价值

建筑机电设备专业通常称为水暖电专业。这三个专业是建筑工程和暖通、电气电信、给水排水的交叉学科。它们的共同特点是：设备选型及管线设计占比重极大；在设计过程中要同时考虑管线及设备安装顺序，以保证足够的安装空间；还得考虑设备及管线的工作、维修、更换要求。

传统水暖电设计主要依靠CAD进行二维设计，这使得管线综合问题在设计阶段很难解决，只能在各专业设计完成后反复协调，将各方图纸进行比对，发现碰撞后提出解决方案，修改后再确定成图。将BIM三维模型引入水暖电设计后流程如下。

1）引入BIM模型进行初步分析，通过引入BIM建筑模型，建立负荷空间计算单元，提取体积、面积等空间信息，并指定空间功能和类型，计算设计负荷，导出模型数据，进行初步分析。

2）建立机电专业模型，进行机电选型，在建筑模型空间内由设备、管道、连接件等构件对象组合成子系统，最后并入市政管网。

3）整理、输出、分析各项数据，三方软件进行调整更新原数据。现有BIM软件可以对系统进行一些初步检测，或使用其他软件调用分析后再导入，进行设计更新，从而实现数据共享。

4）通过碰撞检测功能对各专业管线碰撞进行检测，在设计阶段就尽量减少碰撞问题，根据最后汇总进一步调整设计方案。

5）综合建筑、结构以及水暖电各专业的建筑信息模型，可以自动生成各专业的设计成果，如平面图、立面图、系统图以及详图等。BIM对于水暖电专业设计的价值除了通过三维模型解决空间管线综合及碰撞问题外，还在于能够自动创建路径和自动计算功能，具有极高的智能性。

（5）BIM技术在提高设计进度方面的价值

目前，不少建设项目采取一边设计一边修改的设计方式，设计工作的时间成本影响了项目整体进度。而BIM技术在设计单位的应用，能大大加快项目的设计进度。但是，由于现阶段设计单位使用的BIM软件生产率不够高，且当前设计院的设计成果交付质量较低，目前仍有不少人认为采用BIM技术进行设计工作会拖延设计进度。而实际上，采取BIM技术进行设计，表面上项目设计进度虽然拉长了，但交付成果质量大大提升了。因此，BIM技术能大大提升设计进度，可以在施工以前提前解决很多设计变更问题，为施工阶段工作减轻负担，降低项目的成本。

（6）BIM技术在可持续设计方面应用的价值

虽然我国一直在呼吁建筑设计要注重环境设计和环境融为一体，并且采用绿色概念设计节能环保。但是在实际设计过程中还是有很多建筑项目在设计的过程中很少考虑环境问题。因为绿色设计在一定程度上无法在短时间内评估建筑的经济性能和环保性能，而且随着建筑施工和维护运行，成本会比普通建筑要高很多。在建筑市场竞争激烈的今天建筑开发商和业主更多关注的是设计带来的经济效益而很少在乎环境效益。建筑设计很难在前期进行可持续设计评估，传统的物理模式和工程图根据CAD或对象CAD解决方案中的图形评估建筑性能需要大量人员干预和解释说明，增加人力、物力。但是BIM有专业的技术支持，拥有不同的参数化建筑建模器对设计方案的照明、安全、布局、声学、色彩、能耗等进行评估。相关可持续分析能够用一个包含关联信息的综合数据库来表示建筑。全面掌握整个项目设计的能耗和生命周期成本计算，可以在标准设计流程中以副产品的形式生产可用于可持续设计、分析和认证的信息。这种评估方式能够优化和简化评估过程、降低设计成本，还能保证建设设计的环保性。

（7）BIM技术在价值工程中应用的价值

价值工程在建设工程中的应用有利于提高建筑设计性能，降低建设成本，为业主带来可观的经济效益。但建设工程由于自身的复杂性在价值工程的应用上有一定的困难，现阶段通常将BIM模型同价值工程结合起来共同促进其在建设工程中的应用。BIM技术理念的引入，使得设计人员能够从BIM模型的历史经验数据库中提取相关的设计经济指标，帮助快速进行限额设计的投资指标计算，从而保障了设计的经济性和合理性。造价工程师从BIM模型中提取到相应的项目参数和工程量数据，与指标数据库和概算数据库进行充分的对照后，得到快速计算而来的准确概算价、核算设计指标的经济性，应用价值工程的方法考虑项目的全生命周期的建造成本和使用成本，对设计方案进行优化调整，达到控制整体投资的目标，为后续工作做铺垫。

（8）BIM技术在限额设计中应用的价值

方案设计阶段选出最优设计方案后，价值工程优化的限额设计方法将进一步对方案进行价值优化和限额分配。利用BIM数据库，对工程量进行直接统计，在历史数据库中找到类似工程的投资指标分配方案以供参考。基于价值工程的角度并考虑全寿命周期，对初步设计各个阶段的专业成本进行限额分配，从中选择工程成本与功能相互匹配的最佳方案，从而控制工程成本的投资限额，实现项目价值最大化。

## 4. 施工方

（1）投标

标前评价是提高投标质量的重要工作。利用BIM数据库，结合相关软件完成数据整理工作，通过核算人工、材料、机械的用量，分析施工环境，结合企业实际施工能力，可以综合判断选择项目投标，做好投标的先期准备和筛选工作，进而提高中标率和投标质量。

（2）施工管理

建设项目施工管理是为实现项目投资、进度、质量目标而进行的全过程、全方位的规划组织、控制和协调工作，内容是研究如何高效率地实现项目目标。建设项目的施工管理包括成本、进度、质量和安全控制。四个控制没有轻重之分，同等重要并有机结合。

1）成本控制

成本控制不仅仅是财务意义上实现利润最大化，其终极目标是单位建筑面积自然资源消耗最少。是在任何成本的减少不影响建筑结构安全，不减弱社会责任的前提下，通过技术经济和信息化手段，优化设计、优化组合、优化管理，把无谓的浪费降至最低。

BIM技术在处理实际工程成本核算中有着巨大优势。建立BIM的5D施工资源信息模型（3D实体、时间、工序）关系数据库，让实际成本数据及时进入5D关系数据库，成本汇总、统计、拆分对应瞬间可得。建立实际成本

BIM 模型，周期性（月、季）按时调整，维护好该模型，统计分析工作就很轻松。软件强大的统计分析能力可轻松满足各种成本分析需求。基于 BIM 的实际成本核算方法，较传统方法具有极大优势。

A.快速。由于建立基于 BIM 的 5D 实际成本数据库，汇总分析能力大大加强，速度快，短周期成本分析不再困难，工作量小、效率高。

B.准确。成本数据动态维护，准确性大为提高，通过总量统计的方法，消除累积误差，成本数据随进度进展准确度越来越高。另外，通过实际成本 BIM 模型，很容易检查出哪些项目还没有实际成本数据，监督各成本实时盘点，提供实际数据。

C.分析能力强。可以多维度（时间、空间、WBS）汇总分析更多种类、更多统计分析条件的成本报表。

D.提升企业成本控制能力。将实际成本 BIM 模型通过互联网集中在企业总部服务器。企业总部成本部门、财务部门就可共享每个工程项目的实际成本数据，实现总部与项目部的信息对称，总部成本管控能力大为加强。

2）进度控制

进度控制是采用科学的方法确定进度目标，编制进度计划与资源供应计划，进行进度控制，在与质量、费用、安全目标协调的基础上，实现工期目标。由于进度计划实施过程中目标明确，而资源有限，不确定因素多，干扰因素多，这些因素有客观的、主观的，主客观条件不断变化，计划也随着改变。因此，在项目施工过程中必须不断掌握计划的实施状况，并将实际情况与计划进行对比分析，必要时采取有效措施，使项目进度按预定的目标进行，确保目标的实现。进度控制管理是动态的、全过程的管理，其主要方法是规划、控制、协调。

利用 BIM 4D 模拟技术可以掌握进度计划的实施状况，并将实际情况与计划进行对比分析，这样有助于排除未知因素，采取有效纠偏措施，确保项目进度按预定的目标进行。

A.4D 模拟建造。施工进度计划的常规表示方法之一是编制网络横道图。为方便绘制项目的网络横道图，常将一个项目分成若干个子项目进度计划，由此施工中一旦遇到突发事件，往往会引起各子项目横道图的手工调整、重新计算和核算工期的情况。而采用 BIM 技术可充分利用模型的可视化效果，进行模拟建设。该技术是一种先进行模拟而后进行实体建造的过程。相对于二维横道图而言，BIM 技术将横道图与三维模型形成 4D 模拟，可以最大限度地控制进度。

B.编制进度、资源供应计划。该工程的进度计划和资源供应计划繁多，除了土建外，还有幕墙、机电、装饰、消防、暖通等分项进度。为正确地安排各项进度和资源的配置，最大限度地减少各分项工程间的相互影响，该工程采用 BIM 技术建立 4D 模型，并结合其模型进度计划形成初步进度计划，最后将初步进度计划与三维模型结合形成 4D 模型的进度、资源配置计划。

3）质量控制

质量控制主要是全面贯彻质量管理的思想，进行施工质量目标的事前准备工作、事中关键控制点和事后检查控制的系统过程，该控制过程主要是按照PDCA（Plan、Do、Check、Action）的循环原理通过计划、实施、检查、处理的步骤展开控制。目前施工过程中对施工质量的控制主要是事前先召开方案讨论会议，然后在事中由专业技术人员和管理人员在现场进行跟踪式管理，而运用 BIM 碰撞检测等技术则是先建立模型对重点部位进行预测，再以模型为导向进行事中管理，最后进行事后排除检查。

A.三维模型展示工序流程。该工程有深基坑开挖、落地脚手架搭设等 6个专项方案和防水工程，地下室施工等 14 个一般方案，每一个方案都是质量控制的重点，通过建立 BIM 模型可以很清楚地展示每一个施工质量控制重点。针对该工程班组的专业化水平不是很高的特点，BIM 可视化技术在施工班组进行技术交底时，表现出极大的优势。例如，同查看含有建筑术语的二维图和照样板施工的传统方法相比，施工班组通过三维模型，可以快速了解隐藏信息，特别是对细节问题（如钢筋的放置）、钢节点和网架节点的处理、管线布置等信息的处理上表现明显。

B.管件的碰撞检查。代替水暖、电三者分开的二维平面系统图，通过搭建的 BIM 信息平台，利用 MEP 的碰撞检测技术，将结构、暖通、机电整合在一起，有效检测它们之间相互交叉的地方，协调好三者的空间位置达到提前解决冲突的目的，做好事前控制。

C.二维出图以及参数化设置。在处理饰面、防水洞口、泛水、幕墙和管道构件安装等细部时，可事先将上述构件的图元属性先调为精细模式。再进行隔离图元操作，生成二维剖面图，替代查阅各类图集，在加快速度的同时也保证了质量。根据参数设置也可以很方便地修改尺寸大小及位置。

D.高集成化方便信息查询和收集。BIM技术具有高度集成化的特点，其建立的模型实质为一个庞大的数据库。在进行质量检查时可以随时调用模型，查看各个构件，如预埋件位置查询，起到对整个工程逐一排查的作用，事后控制极为方便。

4）安全控制

安全控制就是在施工全过程中始终坚持"安全第一、预防为主"的方针，以防安全事故的发生。传统进行安全控制的方法很难用可视化的效果进行演示，其标准规范和注意事项只能在施工班组交底和安全工作会议上讲解，并没有完全结合现场的实际工况。采用BIM技术可视化等特点，用不同颜色标注施工中各空间位置，展现危险与安全区域，真正做到提前控制。

A.碰撞检测技术检查安全问题。利用碰撞检测技术可模拟施工设备的运行，如调试塔吊作业半径，检测是否与脚手架等建筑突出部位发生碰撞。此外，还可以检测水泵、运土车、挖掘机等安全作业半径，从而达到提前预知危险的目的。

B.施工空间安全管理。对每个现场施工作业人员来讲，安全空间都是有限的，特别是在该项目中，各分包单位材料、机械设备等的摆放以及每个施工队的施工作业面都存在大量的交叉空间。在该工程中BIM技术对"四口""五临边""物料堆放区"等地方进行了危险空间区域的划分，提前做好施工部署，保证了每个劳务人员的安全和施工的有序进行。

C.制定并优化应急预案。该工程首次利用BIM技术制订和优化了五项应急子预案，包括作业人员的安全出入口，机械和设备的运行路线、消防路线、紧急疏散路线、救护路线，同时通过BIM模型中生成的3D动画来同工人沟通，达到了很好效果。

# 第三节　项目施工阶段的构件管理

在过去许多已完成的项目施工过程中，经常会遇到这样的问题：构件种类多，运输及现场吊装容易找错构件；即使严格安排工序，也容易发生施工程序混乱的现象。事实上靠人工记录数以万计的构配件，错误必然发生。在建筑施工阶段引入 BIM 技术，可以有效化解构件管理难的问题，应用 RFID 技术，对构件进行科学管理，大大提高施工效率，缩短施工周期。

## 一、项目施工阶段的构件管理方法

构件在施工阶段的管理，贯穿于构件生产、运输、储存、进场、拼装的整个过程。

### 1. 构件运输阶段

预制构件在工厂加工生产完成后，从运输到施工现场的过程中，需要考虑两个方面的问题，即时间与空间。首先，考虑到工程的实际情况和运输路线中的实际路况，有的预制构件可能受当地法律法规的限制，无法及时运往施工现场。所以考虑到运输时间的问题，应根据现场的施工进度与对构件的需求情况，提前规划好运输时间。其次，由于一些预制构件尺寸巨大甚至异形，如果由于运输过程中发生意外导致构件损坏，不仅会影响施工进度，也会造成成本损失。所以考虑到运输空间的问题，应提前根据构件尺寸类型安排运输货车，规划运输车次与路线，做好周密的计划安排，实现构件在施工现场零积压。

要解决以上两个问题，就需要 BIM 技术的信息控制系统与构件管理系统进行结合，实现信息互通。构件管理系统的管理流程是利用 RFID 技术，根据现场的实际施工进度，将信息反馈给构件管理系统，管理人员通过构件管理系统的信息能够及时了解进度与构件库存情况。在运输过程中，为了尽量避免实际装载过程中出现的问题或突发情况发生，可利用 BIM 技术的模拟功能对预制构件的装载运输进行预演。

### 2. 构件储存管理阶段

项目施工过程中，预制构件进场后的储存是个关键问题，与塔式起重机选型、运输车辆路线规划、构件堆放场地等因素有关，同时需要兼顾施工过程中的不可预见问题。施工现场的面积往往不会太大，施工现场预制构件堆放存量也不能过多，需要控制好构件进场的数量和时间。在储存及管理预制构件时，不论是对其进行分类堆放，还是出入库方面的统计，均需耗费大量的时间以及人力，很难避免差错的发生。

信息化的手段可以很好地解决这个问题。利用 BIM 技术与 RFID 技术的结合，在预制构件的生产阶段，植入 RFID 芯片，物流配送、仓储管理等相关工作人员则只需读取芯片，即可直接验收，避免了传统模式下存在的堆放位置、数量偏差等相关问题，进而令成本、时间得以节约。在预制构件的吊装、拼接过程中，通过 RFID 芯片的运用，技术人员可直接对综合信息进行获取，并在对安装设备的位置等信息进行复查后，再加以拼接、吊装，由此使得安装预制构件的效率、对吊装过程的管控能力得以提升。

### 3. 构件布置阶段

考虑到施工区域空间有限，不合理的施工场地布置会严重影响后期的吊装过程，所以施工区域的划分非常关键。建筑施工场地的布置要点在于塔式起重机布置方案制定、预制构件存放场地规则、预制构件运输道路规划。

（1）塔式起重机布置方案制定

在施工过程中，塔式起重机作为关键施工机械，其效率如何，将对建筑整体施工效率产生影响，结合此前经验来看，因布置欠缺合理性，常常会发生二次倒运构件现象，对施工进度造成极大影响。因此，型号、装设位置选定的合理性至关重要。首先，需对其吊臂是否满足构件卸车装车等加以明确，进而明确选定的型号。其次，依据设备作业以及覆盖面的需求、与输电线之间的安全距离等，以对塔式起重机尺寸、设施等的满足作为前提，进而对现场布设的位置加以明确。在完成如上两大操作后，针对塔式起重机布设的多个方案，进行 BIM 模拟、对比、分析，最终选择出最优方案。

（2）预制构件存放场地规则

预制构件进入施工现场后的存放规则前文已有提及，此处需要强调的是，构件在存放场地的储备量应满足楼层施工的需求量，存放场地应结合实际情况优化利用；同时，存放场地是否会造成施工现场内交通堵塞也是必须考虑的问题。

（3）预制构件运输道路规划

预制构件从工厂运输至施工现场后，应考虑施工现场内运输路线，判断其是否满足卸车、吊装需求，是否影响其他作业。

应用 BIM 技术可模拟施工现场，进行施工平面布置，合理选择预制构件仓库位置与塔式起重机布置方案，同时合理规划运输车辆的进出场路线。因此，将 BIM 技术运用于施工平面布置方面，不仅可令塔式起重机布设方案、预制构件存放场地规则、预制构件运输道路规划等得以优化，还能有效避免预制构件或其他材料的二次倒运、延长施工进度等问题，进而使得垂直运输机械具备更高的吊装效率。

## 二、BIM 与 RFID 的应用

射频识别（Radio Frequency Identification，RFID）技术由来已久，最初始于"二战"时期，但受到科技发展和成本规模的限制，一直未得到普遍的应用与推广。RFID 由阅读器、中间件、电子标签、软件系统组成。当标签进入阅读器辐射场后，会自动接收阅读器发出的射频信号，阅读器读取标签信息，并将信息送至软件系统进行数据处理。RFID 主要的优势体现在远距离识别并传输数据，避免覆盖物遮挡的影响，同时读取多个电子标签信息方便快速查找构件，信息储存量大，数据长期保存利于设备维护更新；主要的劣势为信息保密性较差、电磁辐射以及成本较高等问题。伴随着科学技术的发展，以及 RFID 技术价值的驱动，RFID 技术步入商业化应用的时代。RFID 技术在商业化应用过程中体现出巨大的应用价值和项目效益，曾被誉为 21 世纪最具发展价值的信息技术之一。该技术更新了新一代企业的信息交互模式，不断被应用到金融、物流、交通，环保、城市管理等几大行业当中。RFID 技术与计算机及通信技术相结合，实现了供应链中物体的追踪、信息的存储与共享，让物体的信息在其生命周期内"随处可见"。

当 BIM 技术产生以后，可以很好地结合 RFID 技术应用于预制装配式住宅构件的制作、运输、入场和吊装等环节。首先，在预制构件制作时，以 BIM 模型构件拆分设计形成的数据为基础数据库，对每一个构件进行编码，并将 RFID 标签芯片植入构件内部；其次，在构件运输阶段，实时扫描构件 RFID，监控车辆运输状况；再次，当运输构件的车辆进入施工现场时，门禁读卡器自动识别构件并将标签信息发送至现场控制中心，项目负责人通知现场检验人员对构件进行入场验收，根据吊装工序合理安排构件现场堆放；最后，在构件吊装时，技术负责人结合 BIM 模型和吊装工序模拟方案进行可视化交底，保证吊装质量。

# 参考文献

[1] 刘宇青 . 建筑装饰工程中 BIM 技术应用关键点的分析 [J]. 绿色环保建材 ,2021(6):152-153.

[2] 陈献友 , 李芬花 , 赵萌萌 , 李壮 , 杜柏 .BIM 技术在渡槽设计中的应用 [J]. 水利技术监督 ,2021(6):63-67.

[3] 薛宗煜 , 冯振林 .BIM 技术在新加坡地铁某车站主体结构的应用研究 [J]. 中小企业管理与科技 ( 中旬刊 ),2021(6):172-174.

[4] 赵万库 . 基于 BIM 技术的三维模型在不动产登记中的应用 [J]. 中国科技信息 ,2021(12):43-44.

[5] 米丽梅 .BIM 技术在建筑工程施工设计及管理中的应用 [J]. 山西建筑 ,2021,47(12):188-190.

[6] 田诗怡 .BIM 技术在精装修设计中的应用初探 [J]. 房地产世界 ,2021 (11):116-118.

[7] 成丽媛 .BIM 技术在古建筑中的应用探讨 [J]. 砖瓦 ,2021(6):78-79.

[8] 石峰 .BIM 技术在全过程工程造价管理中的应用研究 [J]. 砖瓦 ,2021 (6):154-155.

[9] 时悦 .BIM 技术在城市轨道交通工程供电系统中的应用研究 [J]. 中国设备工程 ,2021(11):205-206.

[10] 杨延茹 .BIM 技术在房屋构造课程教学中的应用：以山东华宇工学院为例 [J]. 黑龙江科学 ,2021,12(11):112-113.

[11] 陈烨 . 基于 BIM 技术的绿色建筑运营成本测算与应用研究 [J]. 建筑经济 ,2021,42(6):53-56.